无人机

结构与操作

杨宇　孔祥蕊　主编

U0258455

化学工业出版社

·北京·

内 容 提 要

本书采用双色图解的形式，介绍了无人机操控人员所需的相关知识与必备技能。主要内容包括：无人机的分类、发展、行业应用；针对固定翼和多旋翼这两种主流无人机类型，分别讲解其飞行原理、结构组成、装调方法，以及模拟飞行方法、训练飞行方法和安全维护的注意事项；介绍无人机飞行的气象条件及环境，提供相关的低空空域管理法规。

本书讲解简明扼要，易于理解，可以作为无人机操作人员的入门指南和参考书籍，也可作为高职院校无人机专业的教材。

图书在版编目（CIP）数据

无人机结构与操作 / 杨宇，孔祥蕊主编. —北京：化学工业出版社，2020.5（2024.11重印）
ISBN 978-7-122-35968-1

Ⅰ.①无… Ⅱ.①杨…②孔… Ⅲ.①无人驾驶飞机 Ⅳ.① V279

中国版本图书馆 CIP 数据核字（2020）第 030111 号

责任编辑：贾　娜　　　　　　　　　　　文字编辑：陈小滔　宋　旋
责任校对：宋　夏　　　　　　　　　　　装帧设计：王晓宇

出版发行：化学工业出版社（北京市东城区青年湖南街13号　邮政编码100011）
印　　装：涿州市般润文化传播有限公司
710mm×1000mm　1/16　印张11½　字数201千字　2024年11月北京第1版第7次印刷

购书咨询：010-64518888　　　　　　　　售后服务：010-64518899
网　　址：http://www.cip.com.cn
凡购买本书，如有缺损质量问题，本社销售中心负责调换。

定　　价：59.00元　　　　　　　　　　　　　　　　版权所有　违者必究

前　言

　　无人机是利用无线电遥控设备和自备的程序控制装置操纵的不载人飞行器。作为一种新兴的高科技技术，无人机最初在军用领域市场需求巨大。近年来，随着技术的发展进步，无人机应用逐渐从军事领域向民用领域延伸，应用范畴不断拓宽。由于无人机具有运行成本低、无人员伤亡风险、机动性能好、可进行超视距飞行、使用方便高效等特点，目前已被成功应用于影视航拍、测绘航测、电力高压线巡查、地质勘探、救灾救援、农林业农药喷洒、海事定位、国防侦察、商业表演等领域，越来越多行业传统的工作方式被无人机取代。当下，从事无人机研发、生产、应用等工作的相关机构对无人机操控人才的需求非常迫切，人才需求缺口大、供不应求。

　　无人机操控人员必须了解无人机结构，掌握操控无人机及必备的装调与维护维修的相关技术技能，熟悉低空空域法规以及安全飞行知识。根据职业要求，本书以图文并茂的形式，讲解了无人机的基本知识、无人机的结构、多旋翼无人机的结构与装调、固定翼无人机的结构与装调、无人机的模拟飞行、无人机的训练飞行、无人机的安全维护、飞行的气象条件及环境等内容，并提供了相关的低空空域管理法规。本书讲解简明扼要，易于理解，可以作为无人机爱好者、无人机操控员的入门指南和参考书籍，也可作为高职院校无人机专业的教材。

　　本书由杨宇、孔祥蕊主编，许楠、齐旭光、陈明、张素杰参与了编写。编写团队成员参与国家级无人机应用技术专业教学资源库建设，长期致力于无人机行业产业社会服务。本书集合了笔者及其研究团队近年来在无人机相关应用领域的研究成果。

　　由于笔者水平所限，书中难免有不足和疏漏之处，恳请各位专家、读者给予批评指正。

编　者

目录

第 1 章 无人机的基本知识   / 1

第 2 章 无人机的结构 / 32

第 3 章 多旋翼无人机的结构与装调 / 54

第 4 章　固定翼无人机的结构与装调　　/ 74

第 5 章　无人机的模拟飞行 　　/ 97

第 **8** 章　**飞行的气象条件及环境**　　/ 150

附录一　**《民用无人驾驶航空器实名制登记管理规定》**　　/ 153

附录二　**《通用航空飞行管制条例》节选**　　/ 161

术语表　　/ 166

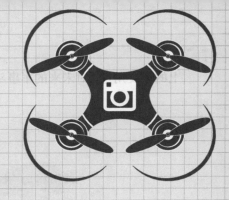

第 1 章

无人机的基本知识

1.1 无人机的概念

无人驾驶飞机简称"无人机",其英文为 Unmanned Aerial Vehicle(UAV),是利用无线电遥控设备和自备的程序控制装置操纵的不载人飞机。机上无驾驶舱,但安装有自动驾驶仪、程序控制装置等设备。地面、舰艇上或母机遥控站人员通过雷达等设备,对其进行跟踪、定位、遥控、遥测和数字传输。可在无线电遥控下像普通飞机一样起飞或用助推火箭发射升空,也可由母机带到空中投放飞行。回收时,可用与普通飞机着陆过程一样的方式自动着陆,也可通过遥控用降落伞或拦网回收。无人机广泛用于空中侦察、监视、通信、反潜、电子干扰等。

无人机的解释是:无人机是指不搭载操作人员的一种动力空中飞行器,采用空气动力为飞行器提供所需的升力,能够自动飞行或进行远程引导;既能一次性使用也能进行回收;能够携带致命性或非致命性有效载荷。

与载人飞机相比,它具有体积小、造价低、使用方便、对作战环境要求低、战场生存能力较强等优点,备受世界各国军队的青睐。在几场局部战争中,无人驾驶飞机以其准确、高效和灵便的侦察、干扰、欺骗、搜索、校射及在非正规条件下作战等多种作战能力,发挥着显著的作用,并引发了层出不穷的军事学术、装备技术等相关问题的研究。它将与孕育中的武库舰、无人驾驶坦克、机器人士兵、计算机病毒武器、天基武器、激光武器等一道,成为 21 世纪陆战、海战、空战舞台上的重要角色，对未来的军事斗争造成较为深远的影响，军用无人机如图1-1所示。

图1-1　军用无人机

1.2　无人机的发展

无人机最早的开发是在第一次世界大战后。到了第二次世界大战后，不少军事强国将退役的飞机改装成靶机，开启了近代无人机发展的先河。随着电子技术的进步，无人机在担任侦察任务的角色上显示出重要性。例如，在越战期间，美国曾经使用大量的无人机对高价值或防御严密的目标进行侦察。常规旋翼无人机如图1-2所示。

图1-2　常规旋翼无人机

1982 年以色列航空工业公司首创以无人机进行侦察、情报收集、跟踪和通信等活动。1991 年的沙漠风暴作战当中，美军曾经发射专门设计用来欺骗雷达系统的小型无人机作为诱饵，这种诱饵也成为其他国家效仿的对象。

1.2.1 多旋翼无人机的发展历程

多旋翼无人机的发展历程是根据其运用的核心技术归纳出的，和工业革命通过蒸汽技术、电力革命来划分发展历程是一个道理。从 2009 年开始至今，共有四代多旋翼无人机诞生。

第一代（2009—2012 年）：以飞控系统为核心。

第二代（2012—2014 年）：远距离高画质。

第三代（2014—2015 年）：全高清航拍。

第四代（2016 年—未来）：智能视觉。

（1）第一代多旋翼无人机

2009—2012 年，第一代多旋翼无人机以飞控系统为核心，外挂小型运动相机和模拟图像传输（简称图传），通过无线电遥控器操控飞机进行最初级的短距离飞行和视频录制。因此，第一代多旋翼无人机也被称为近距离航拍无人机。

在此期间，多旋翼公司推出了 Wookong-M（如图 1-3 所示）和 Naza-M 飞控系统，国内推出了 SuperX 飞控系统，国外推出了 APM 开源飞控系统（如图 1-4 所示）。

图 1-3　Wookong-M 飞控系统　　　　图 1-4　APM 开源飞控系统

这些飞控系统具备姿态增稳的飞行控制方式，通过 GPS 定位系统实现户外定位悬停和自主返航。

如图 1-5 所示 F450 四旋翼航拍无人机，飞控系统、外挂相机和模拟图传是第一代多旋翼无人机的典型特征。

1999年，我国成立了北京公司，主要从事四旋翼航拍无人机、直升机、固定翼的飞控系统。15年间事实积累工作成绩中，多次突破行业技术创新，掌握着自主研发行业领先技术，已拥有可靠的实力及众多专家团队的优势。

图1-5 F450四旋翼航拍无人机

（2）第二代多旋翼无人机

2012—2014年，在以飞控系统为核心的基础上，采用无刷电机驱动云台、高清广角相机和Wi-Fi数字图传这三大核心技术，开发了第二代多旋翼无人机。第二代多旋翼无人机也称为远距离高画质航拍无人机。

2012年，多旋翼公司发布的全球首款三轴无刷电机直驱禅思Z15-5N云台（如图1-6所示），它利用姿势解析和超高清精度无刷电机控制解决了舵机式云台响应慢、转动不平滑所导致的拍摄视频抖动以及水波纹问题，开启了多旋翼无人机真正意义上的航拍时代。

图1-6 禅思Z15-5N云台

2014年，多旋翼公司推出了首款高清广角并和无刷云台集成的一体机方案Phantom 2 Vision+，同时采用Wi-Fi数字图传提供远距离和清晰的传输画质。无人机厂商自主研发高清相机并集成到云台成为发展趋势，以一体化为标准的第二代无人机设计理念逐步得到广泛认同。

无刷电机驱动云台、高清广角相机、Wi-Fi 数字图传一体化设计成为第二代多旋翼无人机的典型特征。

第二代多旋翼无人机代表机型 Phantom 2 Vision+ 无人机如图 1-7 所示。

图 1-7　Phantom 2 Vision+ 无人机

（3）第三代多旋翼无人机

2014—2015 年出现第三代多旋翼无人机，在第二代高画质航拍无人机核心的基础上，发展了全高清图传、4K 相机和初级视觉悬停辅助系统三大核心技术，并增加如 GPS 跟随等辅助功能，因此，第三代多旋翼无人机也称全高清航拍无人机。

2014 年，多旋翼公司发布了 Linghtbridge 全高清数字图传（如图 1-8 所示）。它实现了 3km 的高清图像实时传输功能，相比 Wi-Fi 数字图传，传输距离远 2～3 倍，环境抗干扰能力更强，信号传输延时更低。Lightbridge 的发布可以说是开启了无人机高清航拍的时代。

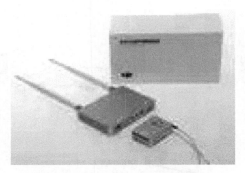

图 1-8　Linghtbridge 全高清数字图传

高清图传、初级视觉悬停辅助、自带 4K 高清相机是第三代多旋翼无人机的典型特征。

第三代多旋翼无人机代表机型 Phantom 3 无人机如图 1-9 所示。

图 1-9　Phantom 3 无人机

（4）第四代多旋翼无人机

2016 年，随着智能硬件技术的快速发展，以第三代全高清航拍无人机核心技术为基础，具备环境感知、视觉跟随、自主避障和精确视觉悬停辅助系统等核心技术的消费类航拍无人机进入第四代智能视觉航拍无人机时代。

2016 年，多旋翼公司推出的 Phantom 4 是全球首款第四代智能视觉无人机，如图 1-10 所示。其前视双摄像头具备障碍物感知功能，基于图像识别的视觉跟随能够实时自主避障。视觉悬停辅助的系统组成和处理性能进一步提升，由单一超声波和光流传感器扩展至双超声波加双光流传感器的系统，悬停精度、响应速度和环境抗干扰能力大大提升，降低了无 GPS 飞行时的安全风险。

图 1-10　Phantom 4 无人机

精确视觉悬停辅助、环境感知与避障、视觉跟随是第四代多旋翼无人机的典型特征。

1.2.2 固定翼无人机的发展历程

（1）第一代固定翼无人机（自动陀螺稳定器，单一性）

① 1917 年：斯佩里空中鱼雷号（Sperry Aerial Torpedo）。第一次世界大战进入尾声时，动力飞行还完全是一个新生的事物。十多年前，莱特兄弟刚在北卡罗来纳州的基蒂霍克的沙丘间完成了原始双翼飞机试飞。1917 年，库柏（Peter Cooper）和埃尔默·A·斯佩里（Elmer A. Sperry）发明了第一台自动陀螺稳定器，这种装置能够使得飞机保持平衡向前的飞行，无人飞行器自此诞生。这项技术成果将美国海军寇蒂斯 N-9 型教练机成功改造为首架无线电控制的不载人飞行器。斯佩里空中鱼雷号（如图 1-11 所示）搭载 300lb（约合 136kg）的炸弹飞行 50mile（约合 80km），但它从未参与实战。

图 1-11 斯佩里空中鱼雷号

② 1917 年：凯特灵空中鱼雷号（Kettering Aerial Torpedo）。木质的凯特灵空中鱼雷号（如图 1-12 所示）被称作"凯特灵小飞虫（Kettering Bug）"，这架飞机能够载重 300lb，在 1917 年的造价为 400 美金。通用公司的查尔斯·F·凯特灵（Charles F. Kettering）设计的这架飞行器拥有可拆卸机翼，并且可以巧妙地从装有滚轮的手推车上起飞。第一次世界大战接近结束的时候，美军下了大量的凯特灵小飞虫的订单，但在它被派上战场之前战争就已经结束了。

图 1-12　凯特灵空中鱼雷号

（2）第二代固定翼无人机（多次使用）

① 1935 年：DH.82B 蜂王号（DH.82B Queen Bee）。1935 年之前的空中飞行器飞不回起飞点，因此也就无法重复使用。蜂王号的发明，使得无人机能够回到起飞点，使得这项技术更具有实用价值。蜂王号（如图 1-13 所示）最高飞行高度 17000ft（约合 5182m），最高航速 100mile（约合 160km）每小时，在英国皇家空军服役到 1947 年。

图 1-13　DH.82B 蜂王号

② 1944 年：复仇武器一号（V-1 Revenge Weapon1）。阿道夫·希特勒（Adolf Hitler）希望拥有攻击非军事目标的飞行炸弹，因此德国工程师弗莱舍·福鲁则浩（Fieseler Flugzeuhau）于 1944 年设计了一架速度达到 470mile（约合 756km）每小时的无人机。著名的复仇者一号（Vergeltungswaffe）为攻击英伦列岛而设计，也是当代巡航导弹的先驱。复仇者一号（如图 1-14 所示）载弹量比前代更大，

经常搭载多达 2000lb（约合 908kg）的导弹。复仇者一号从弹射道发射后能按照预先程序飞行 150mile（约合 240km）。

图 1-14　复仇者一号

③ 1955 年：瑞安火蜂号（Ryan Firebee）。由瑞安航空 1951 年制造的火蜂原型机 XQ-2（如图 1-15 所示）在 1955 年后进行首次试飞。这架世界上首台喷气推动的无人机主要用于美国空军。火蜂无人机适用于情报收集以及无线电交流的监控活动。

图 1-15　瑞安火蜂号

④ 1963 年：洛克希德（Lockheed）M-21 和 D-21。M-21 型飞机是黑鸟系列中最早的产品 A-12 型飞机的变体，它是用来搭载洛克希德 D-21 高空无人机的母机。M-21 和 D-21（如图 1-16 所示）同属一个 1963—1968 年间进行的秘密项目，这个项目直到四十年后才为人所知晓。M-21 型的改进在于新增供发射操作员乘坐的副驾驶舱。这两种类型的飞行器于 1969—1971 年开展对罗布泊核试验场的

四项侦察活动。在 1966 年因为 D-21 在发射过程中和 M-21 母机之间发生撞击事故，21 机型的后续生产被迫取消。

图 1-16　洛克希德 M-21 和 D-21

（3）第三代固定翼无人机（实时传输；实时侦察）

① 1986 年：先锋（The Pioneer）RQ-2A。据美国海军介绍，于 1986 年 12 月首飞的先锋系列无人机（如图 1-17 所示）为战术指挥官提供了特定目标以及战场的实时画面，执行美国海军"侦察、监视并获取目标信息"等各种任务。这套无人定位系统的定价较低，满足了 20 世纪 80 年代美国在黎巴嫩、格林纳达以及利比亚以低代价开展无人机获取目标信息的要求，并首次投入实战。先锋号现在仍在服役，通过火箭助力起飞，起飞重量 416lb（约合 189kg），航速 109mile（约合 174km）每小时。飞机能够漂浮在水面上，并且通过海面降落进行回收。

图 1-17　先锋 RQ-2A

② 1994 年：MQ 捕食者无人机。通用原子公司（General Atomics）在 1994 年制造了 MQ 捕食者无人机（如图 1-18 所示）。捕食者的升级版能够将完全侦察用途的无人机改造成携带武器并攻击目标的无人机。在美国空军服役的捕食者已超过 125 多架，六架在意大利空军服役。捕食者无人机被联合国及北约在 1995 年波斯尼亚的战役中首次使用，同时也出现在美军阿富汗和伊拉克战场上，不过正逐步被淘汰。

图 1-18　MQ 捕食者无人机

③ 2004 年：RQ-7B 幻影 200。RQ-7B 幻影 200 是无人机家族中最小的一个，被美国陆军和海军陆战队用于伊拉克和阿富汗战场。它能够定位并识别战术指挥中心 125km 之外的目标，让指挥官的观察、指挥、行动都更加敏捷。幻影 200（如图 1-19 所示）广泛使用于中东地区。

图 1-19　RQ-7B 幻影 200

④ 2005 年：火力侦察（Fire Scout）兵无人直升机。火力侦察兵是一种无人直升机，它能够在任何起降飞行器的战舰上自行起飞并且在非预定地点着落，由美国军方于 21 世纪初开发（如图 1-20 所示），火力侦察兵无人直升机正在亚利桑那尤马试验场试射 2.75in（约合 7cm）非制导火箭。

图 1-20　火力侦察兵无人直升机

⑤ 2009 年：RQ-170 哨兵（Sentinel）。由洛克希德马丁公司附属公司臭鼬工厂（Skunk Works）设计并生产的 RQ-170 哨兵无人机（如图 1-21 所示）服役于美国空军。该机在阿富汗的"持久自由行动"初次部署，飞行高度经常达到 50000ft

美国RQ-170哨兵

服役于美国空军作战司令部第432旅，这种无人机为作战提供了情报侦察和监视支持。

▷ 飞机类型　　　　▷ 作业高度　　　▷ 机身材料　　▷ 制造商

低可侦测性的无人飞行系统　　15240m　　　复合材料　　洛克希德·马丁

发动机
一个通用电气TF34型涡扇发动机，能够提供9275lb的推力（约合4207kg）

1.82m

图 1-21　RQ-170 哨兵

（约合 15240 m）的 RQ-170 成了"坎大哈之兽"。2011 年 12 月，一架 RQ-170 被伊朗俘获，并且在伊朗电视台中展出。

（4）第四代固定翼无人机（智能化、多方向发展）

2010 年：全球鹰。全球鹰高空飞行器拥有长时间飞行能力。服役美国空军的该类无人机装备了能够实现情报收集、侦察以及监视等功能的综合传感器。2001 年开始研发的全球鹰项目成为航空历史的重要标杆。这是已知的第一架能够不经停直接飞越太平洋的无人机，该无人机在 2006 年 7 月获准在美国领空飞行。图 1-22 展示的是在东京展出的一架全球鹰全尺寸模型。

图 1-22　全球鹰无人机

无人机的飞速发展和广泛运用是在海湾战争后，以美国为首的西方国家充分认识到无人机在战争中的作用，竞相把高新技术应用到无人机的研制与发展上，不仅增加了续航时间，提高了图像传递速度和数字化传输速度，还使用了先进的自动驾驶仪。

现在，一些无人机已经装备了武器（如：美国的 RQ-1 捕食者无人机装备了 AGM-114 地狱火空对地导弹），担任起更多的军事任务，如：轰炸目标、对地攻击、空中格斗等。从低空、短航时向高空、长航时发展。老式的无人机滞空时间短，飞行高度低，侦察监视面积小，不能连续获取信息，甚至会造成情报"盲区"，不适应现代战争的需要。为此，美军已研制出"蒂尔"Ⅱ超高空、长航时无人机。

未来无人机的发展将呈现智能化、多方向发展的特点。

① 向隐形无人机方向发展。为了应对日益增强的地面防空火力的威胁，许多先进的隐形技术被应用到无人机的研制上。一是采用复合材料、雷达吸波材料和低噪声发动机。二是采用限制红外光反射技术，在机身表面涂上能够吸收红外

光的特制油漆并在发动机燃料中注入防红外辐射的化学制剂。三是减小机身表面缝隙，减少雷达反射面。四是采用充电表面涂层，使其具有变色的特性。因而从地面向上看，无人机具有与天空一样的颜色；从空中俯瞰，无人机呈现出与大地一样的颜色。

② 从实时战术侦察向空中预警方向发展。美军认为，21 世纪的空中侦察系统主要由无人机组成。美军计划用预警无人机取代 E-3 和 E-8 有人驾驶预警机，使其成为 21 世纪航空侦察的主力。

③ 向空中格斗方向发展。攻击型无人机是无人机的一个重要的发展方向。由于无人机能预先靠前部署，可以在离防卫目标较远的距离上摧毁来袭的导弹，从而能够有效地克服"爱国者"或 C-300 等反导导弹反应时间长、拦截距离近、拦截成功后的残骸对防卫目标仍有损害的缺点。

1.3　无人机的分类

1.3.1　按概念分类

（1）按飞行平台构型分类

无人机按飞行平台构型分类可分为固定翼无人机、旋翼无人机、无人飞艇、伞翼无人机、扑翼无人机等，其中固定翼无人机、旋翼无人机应用比较广泛。

固定翼无人机飞行的控制通常包括方向、副翼、升降、油门、襟翼等控制舵面，通过舵机改变飞机的翼面，产生相应的扭矩，控制飞机转弯、爬升、俯冲、横滚等动作。

传统直升机形式的无人机通过控制直升机的倾斜盘、油门、尾舵等，控制飞机转弯、爬升、俯冲、横滚等动作。

多轴形式的无人机一般通过控制各轴桨叶的转速来控制无人机的姿态，以实现转弯、爬升、俯冲、横滚等动作。

（2）按尺度分类（民航法规）

无人机按尺度分类可分为微型、轻型、小型以及大型无人机。

（3）按活动半径分类

无人机按活动半径分类可分为超近程无人机、近程无人机、短程无人机、中程无人机和远程无人机。

（4）按任务高度分类

无人机按任务高度分类可分为超低空、低空、中空、高空和超高空无人机。

（5）按飞行速度分类

无人机按飞行速度分类可分为亚声速无人机、超声速无人机和高超声速无人机。

（6）按使用次数分类

无人机按使用次数分类可分为单次和多次。单次无人机发射后不收回，也不需要在机身上安装回收系统；多次无人机则指需重复使用的，要求回收的无人机。

1.3.2　按应用分类

无人机可分为军用无人机、工业级无人机和消费级无人机，其中工业级无人机和消费级无人机均属于民用无人机范畴。三种类型无人机各有侧重，军用无人机对续航能力、巡航速度、灵敏度和精准度有很高的要求。工业级无人机则更注重经济效益，对巡航速度和续航能力的要求相对较低，对专业技能要求高。消费级无人机主要用于航拍和娱乐，着重于拍摄功能和可操作性。

（1）军用无人机

军用无人机主要用于情报侦察、战场监视、电子对抗、通信中继、军事测绘、火炮校射、气象探测、打击效果评估等任务。如图 1-23 所示的全球鹰无人机即军用无人机的代表。

图 1-23　全球鹰无人机

根据任务的不同，军用无人机可以使用不同的有效载荷，主要包括数据传输与测控、目标探测、成像、电子侦察、光电侦察以及敌我识别等类型。随着无人机技术的发展，无人机在军事上的应用越来越广泛而深入，技术和性能已日渐完善，其承担的任务范围逐渐扩大，任务级别由战术级别扩展到战役和战略级别，任务性质由支援保障任务扩大到攻击作战任务。

图 1-24 为利用无人机进行火力打击，图 1-25 为无人机参与反恐行动。

图 1-24　火力打击

图 1-25　反恐行动

（2）民用无人机

无人机具有成本相对较低、人员伤亡风险较小、生存能力强、机动性能好和使用方便等优势，使得无人机在民用方面的应用越来越为广泛。主要应用于：航空摄影、地质地貌测绘、森林防火、地震调查、核辐射探测、边境巡逻、应急救灾、农作物估产、农田信息监测、管道巡查、高压输电线巡查、野生动物保护、科研实验、海事侦察、渔情监控、环境监测、大气取样、增雨、资源勘探、警用侦察巡逻、治安监控、消防航拍侦察、通信中继、城市规划和数字化城市建设等多个领域。

1.4　典型无人机

1.4.1　固定翼无人机

定义：固定翼无人机是指由动力装置产生前进的推力或拉力，由机身的固定机翼产生升力，在大气层内飞行的、重于空气的航空器。

（1）固定翼油动无人机（**如图1-26所示**）

固定翼油动无人机采用燃油发动机作为动力来源。燃油发动机是将化学能转化为机械能的机器，包括柴油机、汽油机、甲醇机。它的转化过程实际上就是工作循环的过程，简单来说就是通过燃烧气缸内的燃料，产生动能，驱动发动机气缸内的活塞做往复运动，由此带动连在活塞上的连杆和与连杆相连的曲柄，围绕曲轴中心做往复运动。

图1-26　固定翼油动无人机

应用：固定翼油动无人机多用于军用无人机的侦察、靶机等方面；以及工业级无人机的勘测、气象等方面。

（2）固定翼电动无人机（如图1-27所示）

固定翼电动无人机以电动机作为动力来源，采用直流电机作为驱动。电动机类型大多为无刷直流电机，也有部分使用有刷直流电机的情况，所有电机运转所需的能量由聚合物锂电池或新能源方式提供。电动固定翼无人机大多是微型、小型和轻型的无人飞行器。

应用：固定翼电动无人机属于消费级类型无人机，多用于航测等方面。

图1-27　固定翼电动无人机

1.4.2　多旋翼无人机

定义：多旋翼无人机是一种具有三个及以上旋翼轴的特殊的无人驾驶直升机。其通过每个轴上的电动机转动，带动旋翼，从而产生升推力。旋翼的总距固定，而不像一般直升机那样可变。通过改变不同旋翼之间的相对转速，可以改变单轴推进力的大小，从而控制飞行器的运行轨迹。

（1）油动多旋翼无人机（如图1-28所示）

油动多旋翼无人机以燃油发动机作为动力来源，包括活塞发动机、定轴涡轮发动机、自由涡轮发动机等机型。油动多旋翼无人机属于旋翼桨距可控类，即旋翼变距类。油动多旋翼无人机大多是大型、中型和小型的无人旋翼飞行器。

应用：油动多旋翼无人机属于工业级类型无人机，多用于高原航测和植保等方面。

图 1-28　油动多旋翼无人机

（2）电动多旋翼无人机（如图1-29所示）

电动多旋翼无人机以电动机作为动力来源，采用直流电机作为驱动旋翼旋转的电动机。电动机类型大多为无刷直流电机，也有部分使用有刷直流电机的情况，所有电机运转所需的能量由聚合物锂电池或新能源方式提供。电动多旋翼无人机大多是微微型、微型和轻型的无人旋翼飞行器。

应用：电动多旋翼无人机属于消费级类型无人机，多用于植保、航拍等方面。

图 1-29　电动多旋翼无人机

1.4.3　直升机

（1）构造分类

① 单旋翼无人直升机。单旋翼无人直升机需要靠尾桨旋转产生的拉力来平

衡主旋翼的反作用力来保持机头的方向。改变尾桨的桨距，使尾桨拉力变大或变小，操控直升机机头转向（转弯）。

其典型代表 V750 无人直升机如图 1-30 所示，影鹰无人直升机如图 1-31 所示。

图 1-30　V750 无人直升机

图 1-31　影鹰无人直升机

② 共轴双旋翼无人直升机。共轴双旋翼无人直升机主要优点是结构紧凑、外形尺寸小。这种无人直升机因无尾桨，所以不需要装长长的尾梁，机身长度也可以大大缩短。由两副旋翼产生升力，每副旋翼的直径也可以缩短。机体部件可以紧凑地安排在直升机重心处，使飞行稳定性好，便于操纵。

共轴双旋翼无人直升机的基本特征是：两副完全相同的旋翼，一上一下安装在同一根旋翼轴上，两旋翼间有一定间距。两副旋翼的旋转方向相反，它们的反扭矩可以互相抵消。这样就不需要装尾桨了。无人直升机的航向操纵靠上下两旋翼总距的差动变化来完成。

其典型代表 TD220 小型多用途无人直升机如图 1-32 所示，SkyRanger 无人直升机如图 1-33 所示。

图 1-32　TD220 小型多用途无人直升机

图 1-33　SkyRanger 无人直升机

③ 并列双旋翼无人直升机。并列双旋翼无人直升机的螺旋桨旋转方法是同步旋转，两旋翼轴在机体上方相距很近，且均向机体外侧倾斜，由于设计时已经考虑了两个旋翼之间的协调性，因此二者在工作时不会发生碰撞。虽然并列双旋翼无人直升机是异轴双桨，但是这种无人直升机与同轴双桨的旋转方式基本一样，之所以采用异轴双桨是因为异轴双桨要比同轴双桨的直升机更为稳定且载重量大，在提升了稳定性和载重量的同时，也造成了异轴双桨直升机机动性和灵活性的下降。

交替双桨算是共轴双桨的一个变种。从正面投影来观察桨尖的运动轨迹，两个轨迹是出现交叉的。只要通过同步控制，算好时间差，就不会相互干扰了。最简单的例子是两片双叶桨，近距离布置，发动机轴线略有角度，成 V 字形，两个桨同时反向旋转。当一个桨指向东西时，另一个桨指向南北方向，从而抵消了旋翼造成的反力。但是这种双桨对桨叶数量有限制，所以一般用于尺寸不太大的直升机。

交替双桨在设计上的优势也是显而易见的。那就是它的布置比串列、并列和共轴双桨容易得多，减速器的布置也相对简单，桨距控制单元布置也相对集中。该类无人机的典型代表 K-MAX 无人直升机如图 1-34 所示，飞龙无人直升机如图 1-35 所示。

图 1-34　K-MAX 无人直升机

图 1-35　飞龙无人直升机

（2）型号分类

① 大型。机身长度 2～4m，主旋翼直径 2.5～4m，变距桨数目 2～3 个，最大起飞负载 20～100kg 机身净重 15～60kg，续航时间 1～6h，动力为柴油或汽油。其代表机型 SDI-120 无人直升机如图 1-36 所示。

图 1-36　SDI-120 无人直升机

② 中型。机身长度 1.2 ～ 2m，主旋翼直径 1.3 ～ 1.7m，变距桨数目为 2 个，最大起飞负载 5 ～ 20kg，机身净重 3.5 ～ 5kg，续航时间 15 ～ 40min，动力为硝基燃料或汽油。代表机型 Z5 型无人直升机如图 1-37 所示。

图 1-37　Z5 型无人直升机

③ 小型。机身长度 1m 以下，主旋翼直径 1m 以下，变距桨数目 2 个，最大起飞负载 0.5kg 以下，机身净重 1kg 以下，续航时间 10min 左右，动力为电池。代表机型 NEO S-300 无人直升机如图 1-38 所示。

图 1-38　NEO S-300 无人直升机

1.4.4 其他类型无人机

（1）无人飞艇

无人飞艇（如图 1-39 所示）是一种轻于空气的航器，它与热气球最大的区别在于具有推进和控制飞行状态的装置。飞艇由巨大的流线型艇体、位于艇体下面的吊舱、起稳定控制作用的尾面和推进装置组成。其可以用于运输、赈灾等方面，比如，发生自然灾害时，通信中断就可以迅速发射一个无人飞艇，通过无人飞艇搭载通信转发器，就能够在非常短的时间内恢复整个灾区的移动通信。

图 1-39 无人飞艇

（2）扑翼无人机

扑翼无人机（如图 1-40 所示）是指像鸟一样通过机翼主动运动产生升力和前行力的飞行器，又称振翼机。其特征是：机翼主动运动，靠机翼拍打空气的反力作为升力及前行力。通过机翼及尾翼的位置改变进行机动飞行。扑翼飞行器无需跑道，可垂直起落。动力系统和控制系统合为一体，机械效率高于固定翼无人机。对材料有特殊要求（材料要求质量轻，强度大）。

图 1-40 扑翼无人机

1.5 行业应用

1.5.1 测绘行业

（1）无人机测绘的概念

无人机测绘是通过无人机搭载传感设备，快速获取作业区域地物信息，并进行数据信息处理、分析与应用，有效弥补了卫星遥感和传统人工测量技术的不足，是近年来快速兴起的测量手段。测绘图如图 1-41 所示。

图 1-41 测绘图

（2）行业前景

近几年发展起来的测绘无人机，通过不断的技术创新，我国自主研发的无人机已经能在多种复杂的地形与气候条件下及时获取精准的地理信息数据，从而成为传统航空摄影测量手段的有力补充。部分国产测绘无人机的技术指标已经达到国际领先水平，完全能够满足基础测绘工作的需要。

（3）无人机测绘系统构成

① 飞行平台。飞行平台即无人驾驶飞行器，是搭载任务载荷的载体。无人机测绘中常用的有固定翼、多旋翼、直升机、无人飞艇，如图 1-42 所示。

图1-42 各类飞行器

② 任务载荷。任务载荷由任务设备、稳定平台、任务设备控制系统等组成。

常见的任务载荷有：光学相机、红外传感器、机载激光雷达、视频摄像机等。

③ 飞行控制系统。飞行控制系统目的是实现无人机飞行控制和任务载荷管理。

④ 数据处理系统。数据处理系统是针对影像排列不规则、畸变大、旋偏角大等无人机数据特点，采用先进的影像匹配技术，实现高效、高精度、高可靠性的空三加密；运用优越的滤波算法，实现大规模影像在快速拼接、正射纠正、智能匀光和镶嵌成图等环节的高效处理。

（4）无人机测绘特点

无人机测绘具有卫星遥感和人工测量无可比拟的优势，其特点在于：

① 操作简单，成本较低；

② 机动灵活；

③ 飞行适应性好；

④ 数据分辨率高。

（5）无人机测绘应用

① 应急保障。主要包括地质灾害应急救灾、森林火灾救援（如图1-43所示）、防恐维稳等。

图1-43　火灾救援

② 数字城市化建设。主要包括城市三维建模和城市规划。

③ 地理国情监测。涉及农林、国土、环境、海洋监测、地质勘探等。

（6）无人机测绘系统工作流程

① 飞行任务下达后，合理进行规划设计，选择合适场地；

② 组装完成后检查，确保无误，待飞；

③ 根据需要，对测绘各个方面进行控制、调整；

④ 飞行任务完成后，无人机降落，进行图片处理。

1.5.2　航拍行业

（1）无人机航拍的概念

无人机航拍是以无人驾驶飞机作为空中平台，以机载遥感设备，如高分辨率ccd数码相机、轻型光学相机、红外扫描仪、激光扫描仪、磁测仪器等获取信息，以计算机对图像信息进行处理，并按照一定精度要求制作成图像。

（2）行业前景

航拍无人机是民用消费级无人机中非常流行的应用领域，国内主流的无人机厂商中，其中有42.8%是从事专业航拍的无人机厂商。在"互联网＋"的热潮中，通过搭载高清摄像头的小型无人机可以高空拍摄和录制影视素材，包括极限运动航拍作品、风景航拍作品以及商业宣传片等。航拍作业如图1-44所示。

图 1-44 航拍

我们可以坐飞机飞跃海洋、高山，也可以通过狭小的显示器欣赏天空的美丽。无人机扩大了我们的视野，我们可以随着无人机的飞行跋山涉水、参观古迹，去体会历史与自然留给我们的宝贵财富。航拍无人机市场规模日渐增长，2017 年我国航拍无人机市场规模 40 多亿元，据预测，中国航拍无人机市场将以 86.5% 的年复合增长率快速上升；到 2020 年，市场规模将达 250 亿元人民币。

（3）无人机航拍作业流程

无人机航拍作业按以下流程进行。

① 针对天气、场地以及所需各种设备做出详细的任务规划。

② 到达场地后，进行无人机机体、机载设备以及工作所需电池的检查；确定飞行的航线；确定通信的畅通。

③ 起飞后注意飞行的状态、设备的工作是否正常；发现问题及时改正改进，遇到了紧急情况及时地刹车降落。

④ 飞行任务完成后，无人机降落。

⑤ 无人机降落后，进行信息的搜集、检查以及后期处理；整理好机器，为下次的飞行任务做好充分的准备。

1.5.3 巡线行业

（1）行业前景

随着经济快速发展，科技日益创新，人民群众生活用电需求的不断增长和国内的电网规模不断地扩大，长距离、大跨度的架空输电线路增长迅速。而很多输电线路所处地理环境恶劣，多分布在人迹罕至的高山峻岭之间。

传统的人工巡线效率较低，且劳动强度大，受地形环境、人员素质、天气情况等不确定因素影响，因此，传统的人工巡检方式已不能满足当今输电线路运行维护的要求。所以近年来国内开始逐渐发展无人机智能巡检技术，其具有操控简单、部署实施快捷、维护费用成本低、作业效率高、巡检更精细、作业范围广、巡检科目多、耗时短等优势，电力巡线如图1-45所示。

图1-45 电力巡线

（2）利用无人机智能巡线的意义

采用无人机做好对输电线路的巡视和维护工作，具有非常重要的意义。

① 有利于定期对线路通道内树木、违章建筑等情况进行重点排查、清理，确保输电通道安全。

② 有利于电力部门制定有针对性的维护措施，确保重要输电线路安全运行。

③ 有利于加大强降雨后重点区段的特巡力度，增加大负荷运行下设备检测次数。

（3）电力巡线内容

① 常规巡线。主要对输电线路导线、地线和杆塔上部的塔材、绝缘子、金具、附属设施、线路通道等进行常规检查。

② 故障巡检。根据检测到的故障信息，查找故障点。

③ 特殊巡检。包括鸟害、树林、外破、红外等巡检。

（4）电力巡检方式

① 多旋翼无人机。

② 无人直升机。

③ 固定翼无人机。

（5）无人机电力巡线作业流程

① 针对天气、地理以及磁场进行任务规划并设置航线；

② 检查各种设备以及做好起飞前的准备工作；

③ 执行巡线任务时，严格按照规范进行；

④ 结束后检查设备，查看巡检情况做出汇总。

1.5.4 植保行业

（1）行业前景

提到无人机在农业方面的应用，首先想到的是农药喷洒，农药喷洒是植保无人机最常见的应用方式，因其高效安全、节约成本、易操作等优势受到了人们的肯定。其效率比常规喷洒至少高出好几倍。植保无人机通过地面遥控或 GPS 飞控操作，喷洒作业人员远距离操作避免了暴露于农药下的危险，提高了喷洒作业的安全性。农业植保作业如图 1-46 所示。

图 1-46　农业植保作业

（2）农田药物喷洒

药物喷洒是农用无人机最为广泛的应用。与传统植保作业相比，植保无人机具有精准作业、高效环保、智能化、操作简单等特点，为农户节省大型机械和大量人力的成本，全国各地不少地区都已使用植保无人机进行药物喷洒作业。

（3）农田信息监测

无人机农田信息监测主要包括病虫害监测、灌溉情况监测及农作物生长情况监测等，是利用以遥感技术为主的空间信息采集对大面积农田、土地进行航拍，从航拍的图片、摄像资料中全面地了解农作物的生长环境、生长周期等各项指标，从灌溉到土壤变异，再到肉眼无法发现的病虫害、细菌侵袭，指出出现问题的区域，从而便于农民更好地进行田间管理。无人机农田信息监测具有范围大、时效强和客观准确的优势，是常规监测手段无法企及的。

（4）农业保险勘察

农作物在生长过程中难免遭受自然灾害的侵袭，使得农民受损。对于拥有小面积农作物的农户来说，受灾区域勘察并非难事，但是当农作物大面积受到自然侵害时，农作物查勘定损工作量极大，其中最难以准确界定的就是损失面积问题。

农业保险公司为了更为有效地测定实际受灾面积，进行农业保险灾害损失勘察，将无人机应用到农业保险赔付中。无人机具有机动快速的响应能力，高分辨率图像和高精度定位数据获取能力，多种任务设备的应用拓展能力和便利的系统维护等技术特点，可以高效地进行受灾定损任务。所以保险公司通过航拍查勘获取数据，对航拍图片进行后期处理与技术分析，并与实地丈量结果进行比较校正，可以更为准确地测定实际受灾面积。无人机受灾定损，解决了农业保险赔付中勘察定损难、时效性不高等问题，大大提高了查勘工作的速度，节约了大量的人力物力，在提高效率的同时确保了农田赔付勘察的准确性。

（5）植保无人机工作流程

植保无人机按以下流程工作。

① 根据天气等情况做出详细的任务规划；

② 丈量地块，配置农药；

③ 起飞前检查无人机机体与机载设备；

④ 规划航线，设置参数；

⑤ 起飞后随时注意飞机飞行状态，及时做出反应；

⑥ 飞行结束后，检查无人机机体与机载设备，查看喷洒情况。

第**2**章

无人机的结构

无人机主要由飞行器机架、飞行控制系统、动力系统、遥控器和载荷几部分构成。

2.1 飞行器机架

2.1.1 主机体

（1）固定翼无人机各部位名称（如图2-1所示）

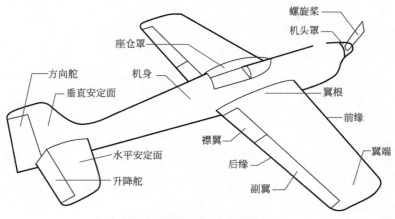

图 2-1 固定翼无人机部位图

常规固定翼无人机的布局，主要由机翼、尾翼、机身、起落架和发动机五部分组成。

① 机翼。无人机在飞行时产生升力与调整飞行姿态的装置，机翼产生的升力大于自身重力的时候，无人机才可以飞行；作业时通过副翼调整无人机姿态来顺利完成任务。

② 尾翼。包括垂直尾翼和水平尾翼两部分。

a. 垂直尾翼：垂直尾翼分两部分，固定于机身不动的称为垂直安定翼，能左右摆动的活动部分称为方向舵，垂直尾翼负责调整机头方向，原理就如同箭的箭羽一样，当无人机偏航时产生一个修正力矩，使无人机恢复直线飞行。

b. 水平尾翼：水平尾翼也分为两部分，固定于机身的称为水平安定翼，活动部分称为升降舵，有部分无人机采用全动式尾翼，就是整片水平尾翼皆可转动，水平尾翼负责俯仰的稳定。

③ 机身。将无人机的各个部分联结成一个整体的主干叫机身，同时机身内可以装载必要的控制机件、设备和燃料等。

④ 起落架。供无人机起飞、着陆和停放的装置。前部一个起落架，后部两个起落架叫前三点式，如图 2-2（a）所示；前部两个起落架，后部一个起落架叫后三点式，如图 2-2（b）所示。

(a) 前三点式

(b) 后三点式

图 2-2　起落架

（2）多旋翼无人机各部位名称（如图2-3所示）

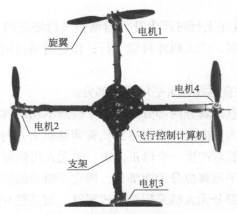

图 2-3　多旋翼无人机部位图

① 机架。多旋翼机架包括机臂、中心板、起落架、桨罩等。

② 起落架（如图2-4所示）。起落架是多旋翼无人机唯一与地面接触的部位，作为整个无人机起飞和降落时候的缓冲，保护机载设备，要求强度高、结构牢固和机身保持相对可靠的连接，能承受一定的冲力。一般在起落架背后安装指示灯或者涂上不同的颜色来区分多旋翼无人机前后。

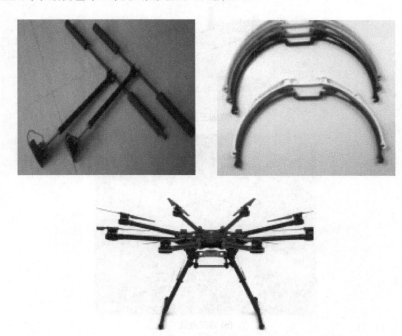

图 2-4　起落架

2.1.2 起降方式

（1）固定翼起飞方式（如图2-5所示）

① 空中投放起飞。由大型飞机（母机）携带到空中，在指定空域启动无人机的发动机，然后投放。

② 滑轨起飞。无人机上装有滑橇，发动机启动并达到最大功率后，放开无人机，使之沿着有一定长度和一定倾斜角度的滑轨离陆。

③ 弹射起飞。将无人机装在发射架上，借助于高压气体、助推火箭、牵引索或橡筋绳等弹射装置，可实现较短长度（甚至零长度）的弹射起飞。英国设计的"沙锥鸟"等无人机采用的就是此种起飞方式。

④ 滑跑起飞。在无人机上装有起落架，发动机启动后，由地面操纵员通过遥控设备或由机上的程序控制设备自动操纵无人机在跑道上滑跑，达到一定速度后，无人机便能离地升空。以色列研制的"先锋""猛犬""侦察兵"等无人机采用的就是这种起飞方式。

⑤ 借助起飞车起飞。无人机装在起飞车上，发动机启动后，无人机通过推力锁驱动起飞车向前滑行，当达到起飞速度时，锁定机构自动开锁，无人机离开起飞车，加速爬高。我国研制的"长空-1"号靶机采用的就是这种起飞方式。

⑥ 由汽车、火车背负起飞。将无人机安装并锁定在汽车、轨道车背部的支架上，启动无人机的发动机后，汽车在公路（或轨道车在铁路）上疾驰前行，当车辆的速度达到无人机的离地速度后，打开（或切断）固定锁，无人机便可自行离开起飞平台。

⑦ 手掷起飞。一些小型和微型的无人机一般采用此种最为简单的方法放飞。此外，某些特殊的无人机如机翼可折叠的无人机，超高速无人机等也可进行手抛起飞。

(a) 空中投放起飞　　(b) 滑轨起飞　　(c) 弹射起飞　　(d) 滑跑起飞

(e) 借助起飞车起飞　(f) 由汽车、火车背负起飞　(g) 手掷起飞　　(h) 垂直起飞

图2-5　起飞方式

⑧ 垂直起飞。无人机还可以利用直升机的起飞原理——垂直起飞。这种无人机装一副能旋转的翼面——旋翼（一般为 2 ～ 4 片桨叶），依靠旋翼制造支持其重量的升力和使其前飞的推力。它们可在空中飞行、悬停和垂直着陆。

（2）固定翼的回收方式（如图2-6所示）

① 自主着陆；

② 伞降着陆；

③ 拦阻网回收或天钩回收；

④ 空中回收；

⑤ 深失速降落。

(a) 自主着陆　　　　　　　　(b) 伞降着陆

(c) 拦阻网回收或天钩回收　　　　(d) 深失速降落

图 2-6　回收方式

（3）多旋翼起降方式（如图2-7所示）

多旋翼起降方式暂时只有垂直起飞、垂直降落。

(a) 垂直起飞　　　　　　　　(b) 垂直降落

图 2-7　多旋翼起降方式

2.2 飞行控制系统

2.2.1 飞行控制器

无人机飞行控制器（如图 2-8 所示）是指能够稳定无人机飞行姿态，并能控制无人机自主或半自主飞行的控制系统，是无人机的大脑。飞行控制器主要由陀螺仪（飞行姿态感知）、加速度计、地磁感应器、气压传感器（悬停控制）、GPS 模块以及控制电路组成。其功能就是自动保持飞机平稳。飞控系统是无人机完成起飞、空中飞行、执行任务和返场回收等整个飞行过程的核心系统，飞控对于无人机相当于驾驶员对于有人机的作用，是无人机最核心的技术之一。飞控一般包括传感器、机载计算机和伺服作动设备三大部分，实现的功能主要有无人机姿态稳定与控制、无人机任务设备管理和应急控制三大类（我们以 APM、Pixhawk 飞控为例）。

图 2-8 飞行控制器

（1）APM 飞控（如图 2-9 所示）

图 2-9 APM 飞控

APM（ArduPilot Mega）是在 2007 年由 DIY 无人机社区（DIY Drones）推出的飞控产品，是当今最为成熟的开源硬件项目。APM 基于 Arduino 的开源平台，对多处硬件做出了改进，包括加速度计、陀螺仪和磁力计组合惯性测量单元（IMU）。由于 APM 良好的可定制性，通过开源软件 Mission Planner，开发者可以配置 APM 的设置，接受并显示传感器的数据。目前 APM 飞控已经成为开源飞控成熟的标杆，可支持多旋翼、固定翼、直升机和无人驾驶车等无人设备。针对多旋翼，APM 飞控支持各种四轴、六轴、八轴产品，并且连接外置 GPS 传感器后能够增加稳定性，并完成自主起降、自主航线飞行、返航、定高、定点等丰富的飞行模式。APM 能够连接外置的超声波传感器和光流传感器，在室内实现定高和定点飞行。

特性包括：免费开源固件，支持飞机（ArduPlane），多旋翼（四旋翼、六旋翼、八旋翼等），直升机（ArduCopter）和地面车辆（ArduRover）。

通过点击式的工具简单设置和上传固件，无需编程。桌面程序完整的规划任务脚本可以支持上百个三维航点，使用强大的 MAVLink 协议，支持双向遥测和飞行中控制命令。

多种免费地面站，包括 HK GCS，支持任务规划、空中参数调整、视频显示、语音合成和完整的数据回放记录。跨平台支持 Windows、Mac 和 Linux。在 Windows 下使用图形任务规划设置工具（Mac 下可用模拟器）或在任何操作系统下使用命令行界面。三种操作系统上都有可用的地面站程序。基于 Arduino 编程环境，也是完全跨系统的。自动起飞，降落和特殊的动作命令，例如视频和照相控制。完整支持 Xplane 和 Flight Gear 半硬件仿真。包括继电器，可以触发任何设备，可以根据任务脚本控制的硬件包括：三轴陀螺仪、三轴加速度计、测量高度的空气压力传感器、10Hz GPS 模块、监视电池状态的电压传感器、4MB 板上数据记录存储器。任务数据自动记录，并可以导出为 KML 格式。内建硬件失效处理器，在失控时可以返回出发点。

（2）Pixhawk 飞控（如图 2-10 所示）

PX4 是一个软硬件开源项目，目的在于为学术、爱好和工业团体提供一款低成本、高性能的高端自驾仪。这个项目源于苏黎世联邦理工学院的计算机视觉与几何实验室、自主系统实验室和自动控制实验室的 Pixhawk 项目。PX4FMU 自驾仪模块运行高效的实时操作系统（RTOS），Nuttx 提供可移植操作系统接口（POSIX）类型的环境。例如：printf( )、pthreads、/dev/ttyS1、open( )、write( )、poll( )、ioctl( ) 等。软件可以使用 USB bootloader 更新。PX4 通过 MAVLink 同地面站通信，兼容的地面站有 QGroundControl 和 Mission Planner，软件全部开源且遵守 BSD 协议。

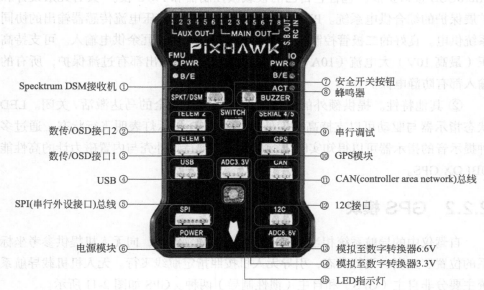

接口定义

Specktrum DSM接收机 ① ——→

数传/OSD接口2 ② ——→

数传/OSD接口1 ③ ——→

USB ④ ——→

SPI(串行外设接口)总线 ⑤ ——→

电源模块 ⑥ ——→

⑦ 安全开关按钮

⑧ 蜂鸣器

⑨ 串行调试

⑩ GPS模块

⑪ CAN(controller area network)总线

⑫ I2C接口

⑬ 模拟至数字转换器6.6V

⑭ 模拟至数字转换器3.3V

⑮ LED指示灯

图 2-10　Pixhawk 飞控

　　Pixhawk 拥有 168MHz 的运算频率，并突破性地采用了整合硬件浮点运算核心的 Cortex-M4 的单片机作为主控芯片，内置两套陀螺仪和加速度计 MEMS 传感器，互为补充矫正，内置三轴磁场传感器并可以外接一个三轴磁场传感器，同时可外接一主一备两个 GPS 传感器，在故障时自动切换。

　　① 基本特性。一个性能强劲的 32 位处理器，还有一个附加故障保护的备用控制器，外加超大的储存空间，2M 闪存储存程序和 256K 运行内存。独立供电的 32 位 STM32F103 备用故障保护协处理器，在主处理器失效时可实现手动恢复。Micro SD 储存卡槽，用于存储数据日志和其他存储用途。各种恰到好处的传感器。三轴 16 位 ST Micro L3GD20H 陀螺仪，用于测量旋转速度。

　　三轴 14 位加速度计和磁力计，用于确认外部影响和罗盘指向。可选择外部磁力计，在需要的时候可以自动切换。MEAS MS5611 气压计，用来测量高度。内置电压电流传感器，用于确认电池状况。可外接 UBLOX LEA GPS，用于确认飞机的绝对位置。 各种可扩展 I/O 接口和专用接口，14 个 PWM 舵机或电调输出，5 个 UART（串口），一个支持大功率，2 个有硬件流量控制。两个 CAN I/O 接口（一个有内部 3.3V 收发，一个在扩充接口上）。兼容 Specktrum DSM / DSM2 / DSM-X 卫星接收机输入： 允许使用 Specktrum 遥控接收机、S.BUS 接收机的输入和输出。PPM sum 信号输入。RSSI（PWM 或电压）输入。I2C 和 SPI 串口。两个 3.3V 和一个 6.6V 电压模拟信号输入。内置 MicroUSB 接口以及外置

MicroUSB 接口扩展。包含它自己的板载微控制器和 FMU 栈。 具有冗余设计和扩展保护的综合供电系统。Pixhawk 是由一个集成有电压电流传感器输出的协同系统供电。良好的二极管控制器，提供自动故障切换和冗余供电输入。可支持高压（最高 10V）大电流（10A+）舵机。所有的外接输出都有过流保护，所有的输入都有防静电保护。

② 其他特性。提供额外的安全按钮可以实现安全的马达激活 / 关闭。LED 状态指示器与驱动可以支持高亮度外接彩色 LED 指示灯表明飞行状态。通过多种提示音的指示器可以得知实时飞行状态。可支持带外壳与内置磁力计的高性能 UBLOX GPS。

2.2.2 GPS 模块

自驾仪中的导航系统相当于有人机系统中的领航员，向无人机提供参考坐标系的位置、速度、飞行姿态，引导无人机按照指定航线飞行。无人机机载导航系统主要分非自主（GPS）和自主（惯性制导）两种。GPS 如图 2-11 所示。

图 2-11　GPS

目前，国内大多飞控都采用 GPS 导航。GPS 信号从卫星发射传播到地球表面，中间通过大气层、电离层，它们的一些特性导致信号在其中的传播时间会比在同样距离的真空中长，而多出来的这些时间是时变的，而且较难精确测定。这会导致卫星与接收机之间的测距不准，定位精度下降。

差分 GPS 利用地面接收机和机载接收机的信号进行双频（L1、L2 接收频率）双差（站站差分、星星差分）来消除传输中的误差和接收机本身的误差，从而获得极高的定位精度，位置和高度测量精度一般都在 2 ～ 3cm。

就无人机的发展趋势而言，自驾仪导航系统要求高精度、高可靠性、高抗干扰性能，因此，多种导航技术结合的"惯性 + 多传感器 +GPS"将是未来发展的方向。

2.2.3 陀螺仪

三轴陀螺仪主要用来测量无人机在飞行过程中俯仰角、横滚角和偏航角的角速度，并根据角速度积分计算角度的改变。而一般采用双轴倾角传感器，与三轴陀螺仪构成全姿态增稳控制回路。

陀螺仪（如图 2-12 所示）测量得到的角速度信息用作增稳反馈控制，使无人机操纵起来变得更"迟钝"一些，从而利用倾角传感器测得飞机横滚角和俯仰角。然后将陀螺仪测得的角速率信息和倾角传感器测得的姿态角进行捷联运算，得到融合后的姿态信息。这种较为复杂的捷联算法，能够使姿态精度得到很大提高。

图 2-12　陀螺仪

2.2.4　加速度计

加速度计（如图 2-13 所示）是用来提供无人机在 X、Y、Z 三轴方向所承受的加速力。当无人机呈现水平静止状态，X 轴与 Y 轴为 0g 输出，而 Z 轴则为 1g 输出。若要无人机 X 轴旋转 90°，那么就在 X 轴与 Z 轴施以 0g 输出，Y 轴则施以 1g 输出。倾斜时，X 轴、Y 轴、Z 轴均施以 0 ～ 1g 之间的输出。相关数值便可应用三角公式，让无人机达到特定倾斜角度。

图 2-13　加速度计

加速度计同时也用来提供水平及垂直方向的线性加速。相关数据可作为计算速率、方向，甚至是无人机高度的变化率。加速度计还可以用来监测无人机所承受的振动。

对于任何一款无人机来说，加速度计都是一个非常重要的传感器，因为即使无人机处于静止状态，也要靠它提供关键输入的倾斜角度。

2.2.5　气压计

气压计（如图 2-14 所示）的原理是地球表面海拔越高，空气越稀薄，气压越低，因此气压计就能够给出飞行器的海拔高度。不过，在多旋翼飞行器上使用的气压计有很大的缺陷，它的测量值会受到温度、湿度、空气流速、光照、振动等因素的影响，单靠气压计很难实现对高度的稳定测量。

图 2-14　气压计

2.2.6　视觉传感器系统

视觉传感器系统（如图 2-15 所示）是目前世界上最热门的机器人学和机器视觉领域的研究课题，如今在无人机领域也得到了广泛的应用。其原理是利用一个或者多个相机构成的视觉传感器系统，采用复杂的算法，通过二维的相机图像推算出视野中物体相对于视觉传感器系统的几何中心的运动信息，如果假设这些物体都是静止的，那么相对运动其实代表了视觉传感器本身的运动。理论上，计算机视觉技术能够单凭一个相机就可以准确测量十五个状态量，但是与其他传感器类似，相机也有很多的缺陷，包括无法恢复尺度、成像质量有限、计算量消耗巨大等问题。

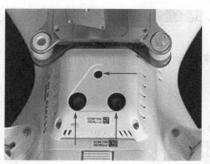

图 2-15　视觉传感器

2.3　动力系统

2.3.1　电动机

电动机可分为两种，有刷电机和无刷电机。

（1）有刷电机（如图2-16所示）

有刷电机转子绕线圈转动，外部嵌入永磁体，电动机转动的时候通过换向器与电刷连接来切换电机的磁场。

优点：直接通直流电源就可转动，不需要另外的电子调速器来驱动电动机，通过直流电源的电压来调整电动机的转速。

缺点：寿命低、噪声大，换向时容易产生火花，不适合于对火花要求严格的场所（如油站，化工场所）。

图 2-16　有刷电机

（2）无刷电机（如图2-17所示）

无刷电机由定子线圈组成，转子嵌入磁铁，通过电子调速器控制线圈磁场的变化来驱动转子转动。

优点：寿命长，噪声低；运行时无火花，适合各种要求高的环境。多旋翼无人机一般使用无刷电机。

缺点：无刷电机成本高，需要外加控制来驱动无刷电机的转动。

图 2-17　无刷电机

电机表面的数字是电机的参数，如某电机的型号 2212-1250KV，2212 表示定子外径 22mm，定子高度是 12mm。无刷电机 KV 值定义为转速 /V，意思为输入电压增加 1V，无刷电机空转转速（r/min）增加的转速值，比如 1250KV，在 11.1V 电压下空转转速是 $11.1 \times 1250 = 13875$（r/min）。

无刷电机的分类：无刷电机可分为内转无刷电机（如图 2-18 所示）、外转无刷电机（如图 2-19 所示）。

图 2-18　内转无刷电机

图 2-19　外转无刷电机

2.3.2 油动发动机

（1）压燃式发动机（如图2-20所示）

压燃式发动机的燃料为煤油，在燃料中加入一定量的乙醚作引爆剂。它不需用辅助系统，只要使用配比符合要求的燃料即可启动运转。压燃式发动机都是二行程内燃机，其规格一般为 0.5 ～ 5mL，常用的规格为 1.5 ～ 2.5mL。

图 2-20　压燃式发动机

① 压燃式发动机的基本组成。压燃式发动机由汽缸、活塞、反活塞、连杆、曲轴和机匣等组成。

② 压燃式发动机的工作过程。压燃式发动机的工作过程与电热式发动机基本相同，同样是吸气、压缩、爆燃、排气和驱气，有所不同的是引爆方式。压燃式发动机的压缩比较大，当活塞上行到上止点时，燃料与空气的混合气被压缩后，温度升高到其燃点而引起爆燃。为便于引爆，在压燃式发动机的燃料中加入了一定量的乙醚，以降低燃点。为了提高压燃式发动机的适应性和便于启动及调节，压燃式发动机汽缸顶部有调节压缩比的反活塞。

（2）电热式发动机（如图2-21所示）

电热式发动机的燃料为甲醇。启动时，先向电热塞供电，使其铱铂合金丝卷呈炽热状态，引发被压缩的甲醇与空气混合气爆燃。在发动机正常运转及驱动无人机时，都不需再供电；且在启动后对发动机工作状态进行调整时，只需调节油针即可。它是一种运行系统简单、操作简便的发动机。电热式发动机的规格范围较宽，品种较多。其单缸工作容积从 0.16mL 到 40mL；有二冲程、四冲程、单缸、双缸和多缸等多个品种。在规格相同时与压燃式发动机相比，电热式发动机的功率较大。

图 2-21　电热式发动机

① 电热式发动机的基本组成。电热式发动机由汽缸、活塞、连杆、曲轴、机匣、汽化器和电热塞等组成。

② 电热式发动机的工作过程

a. 活塞上行程。曲轴逆时针转动，活塞自下止点向上运动。曲轴进气口与机匣进气管相连通，混合气经曲轴中心的进气通道进入机匣。活塞继续上行，先后将汽缸驱气口和排气口封闭，对封闭在汽缸内的混合气进行压缩，混合气压力增大，温度升高；同时，继续将新鲜混合气吸入到机匣内。

b. 活塞下行程。活塞运动到上止点，混合气被压缩到体积最小、压力最大、温度最高，在汽缸顶部炽热的铱铂合金丝卷作用下，甲醇与空气混合气爆燃。依靠螺旋桨转动的惯性，曲轴继续逆时针转动，活塞越过上止点。混合气爆燃产生的高温高压气体膨胀做功，推动活塞向下运动，经连杆推动曲轴的曲柄销，带动曲轴及螺旋桨逆时针旋转。曲轴继续逆时针转动，曲轴进气口与机匣进气管脱离，停止吸气。已吸入的混合气被封闭在机匣内，并随着活塞下移，压力逐渐升高。活塞下移到排气口以下，排气口打开，爆燃做功后的废气经排气口排出汽缸。活塞继续下移到驱气口以下，机匣内压力增大的新鲜混合气经驱气道进入汽缸，并将汽缸内的残余废气驱扫至缸外。活塞下移到下止点，依靠螺旋桨转动的惯性，带动曲轴继续逆时针转动，活塞越过下止点向上运动，开始下一个工作循环的吸气和压缩过程。上述过程不断地重复进行，发动机便连续运转，带动螺旋桨旋转，驱动无人机飞行。

（3）电点火式发动机（如图2-22所示）

电点火式发动机所用燃料为汽油，发动机运转是通过高压电流在汽缸顶部的火花塞放电产生的火花，引起经压缩后的汽油与空气混合气爆燃。电点火式发动机驱动无人机飞行时需携带电源和点火辅助系统升空，无人机质量较大、系统复杂、操作烦琐、故障率高。目前电点火式航空模型发动机基本都是二冲程发动机，工作容积较大，其单缸工作容积为 20 ～ 240mL，并有单缸、双缸和多缸等形式。

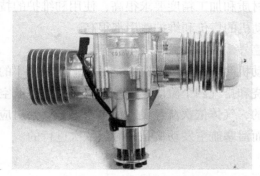

图 2-22　电点火式发动机

① 电点火式发动机的基本组成。电点火式发动机由汽缸、活塞、连杆、曲轴、机匣、汽化器、火花塞和电点火系统等组成。

② 电点火式发动机的工作过程。电点火式发动机的工作过程与电热式、压燃式发动机基本相同，也是吸气、压缩、爆燃、排气和驱气，只是引爆方式不同。电点火式发动机是以高压电流在火花塞两极间放电的火花引燃汽油与空气的混合气，点火的时刻由曲轴旋转的点火控制器确定，且连续运转的全过程均需供电。

（4）涡轮喷气发动机（如图2-23所示）

涡轮喷气发动机的燃料为航空煤油或白煤油，运行时，压气机连续将空气吸入，并增高压力后送入燃烧室，空气和燃料在燃烧室内混合爆燃，高温高压的气体由尾喷口喷出。由于高温高压气体由尾喷口喷出前先推动与压气机叶轮共轴的燃气涡轮转动，驱动压气机叶轮旋转，将空气吸入，增大压力，送入燃烧室。因此，这种发动机被称为涡轮喷气发动机。在发动机运行时，上述各个过程是连续进行的，作用于小型无人机推动其飞行的力也是持续的。

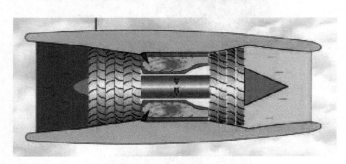

图 2-23　涡轮喷气发动机

小型无人机用涡轮喷气发动机属微型涡轮喷气发动机。涡轮喷气发动机小型化和简单化的难度极大，小型化后，压气机的叶轮转速高达每分钟几万转才能工作，为了提高效率，增大推力，需达到160000r/min。因此，其设计比较复杂，制造难度较大，对材质和加工精度要求很高，使用和维护的技术要求也很高，由此导致涡轮喷气发动机的售价和维护费用都很高。

（5）涡轮轴航空发动机（如图2-24所示）

涡轮轴航空发动机简称涡轴发动机，是一种输出轴功率的发动机。其工作时有进气、加压、燃烧和排气四个阶段。涡轴发动机与活塞航空发动机的区别是，其四个阶段是连续的，气体依次流经发动机各个部分，并对应着活塞航空发动机的四个工作位置，而活塞航空发动机是分时、依次进行的。

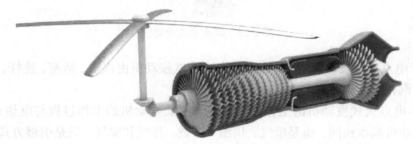

图 2-24　涡轮轴航空发动机

（6）涡轮风扇航空发动机（如图2-25所示）

涡轮风扇航空发动机工作时，从前端吸入大量的空气，燃烧后高速喷出，在此过程中，发动机向气体施加力，使之向后加速，气体也给发动机一个反作用力，推动无人机前进。涡轮风扇航空发动机由风扇、增压级、高压压气机、燃烧室、高压涡轮、低压涡轮和尾喷管（分为内涵喷管和外涵喷管）组成。

图 2-25　涡轮风扇航空发动机

（7）涡轮螺旋桨发动机（简称涡桨发动机，如图2-26所示）

涡桨发动机的工作原理与活塞航空发动机基本相同，都是以螺旋桨旋转时所产生的力量来作为无人机前进的推进力，与活塞航空发动机的主要差异如下。

① 驱动螺旋桨中心轴的动力不同，一个是涡轮，另一个是活塞。

② 涡桨发动机螺旋桨速率恒定，而活塞航空发动机螺旋桨的速率则会随着发动机转速变化而变化。

涡桨发动机由进气道、压气机、燃烧室、涡轮、尾喷管、螺旋桨和减速齿轮组成。

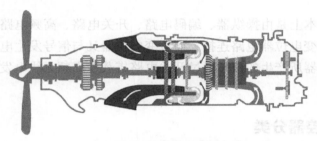

图 2-26　涡轮螺旋桨发动机

（8）脉动喷气发动机（如图2-27所示）

脉动喷气发动机燃料为汽油，常用的是装有簧片单向阀的有阀式脉动喷气发动机。燃料与空气混合后推开单向阀簧片进入燃烧室，在燃烧室内爆燃，产生的高温高压气体迫使单向阀关闭，并从喷射管向后喷出；气体喷出后，燃烧室形成短时真空或低压，大气压力再次推开单向阀簧片，空气和燃料再次进入燃烧室，爆燃喷出。由于空气和燃料进入燃烧室与爆燃喷出是交替进行的，喷出气流的反作用力也是间歇地作用于无人机，因此，被称作脉动喷气发动机。脉动喷气发动机结构简单，材料普通，制作难度较小；但单向阀簧片易损坏，且只能在大推力下工作，推力也不能调节。

图 2-27　脉动喷气发动机

还有一种以一根直径较小的弯管代替单向阀的无阀式脉动喷气发动机。它的寿命较长，但推力较小，且稳定运行范围较窄，设计和操作难度较大，故应用较少。

2.4 遥控器

2.4.1 遥控器基本组成

遥控器基本上是由操纵器、编码电路、开关电路、高频电路所组成，遥控器操纵杆与可变电位器电路连接，而可变电位器又与信号发生电路和编码器电路连接，编码器所产生的信号通过开关电路搭载在高频无线电发射器上由天线发送出去。

2.4.2 遥控器分类

根据使用者的要求不同，对遥控器的性能要求也不尽相同。但是，由于遥控器是人们用来控制无人机正常飞行的工具，因此，在选购遥控器时，首先要保证具有绝对的安全性和可靠性，其次才是设备本身的功能多少和档次的高低。遥控器除品牌型号的区别之外，通常可以根据通道数、信号调制方式和编码调制方式不同进行分类。FM 遥控器如图 2-28 所示。

图 2-28　FM 遥控器

（1）按通道数分

通道（Channel，简称 CH）是指通行指令信号的道路，通俗地讲就是模型里的每一个单独的可操作功能。例如，一个"单通道"的无人机指的是，它只能提供一种可操作功能，如"方向舵机运动"或"马达转动/停转"。最基本的两通道遥控器大多数是为车、船模型准备的，它的发射功率小、遥控距离近、抗干扰性能差。

对无人机遥控而言，一架典型的固定翼无人机会拥有四个最基本的RC功能：方向舵、升降舵、油门和副翼舵。这就需要四个通道来控制，一般是一通道控制副翼，二通道控制升降舵，三通道控制油门，四通道控制方向舵。同时，无人机遥控器的通道数量没有严格的规定，它只是单纯地由飞机本身来决定。更复杂的无人机还会有收放起落架、襟翼（即第二副翼）、降落指示灯、降落伞以及相机等操作，这就需要更多的通道支持。总之，通道越多，完成的动作、功能也就越多。

四通道遥控器，在发射机机壳的面板上分别有两个控制1、2通道和3、4通道动作指令的操纵杆，又称遥控杆。对应 X 轴与 Y 轴方向的两个操纵杆的两边分别相对应的是4个通道的微调装置，可分别对1、2通道和3、4通道的控制动作进行细致的微调。

比例遥控，简单说来，就是当我们把遥控器上的操纵杆由中立位置向某一方向偏移一角度时，与该动作相对应的舵机摇臂也同时偏移相应的角度，舵机摇臂偏转角度与发射机操纵杆偏移角度成比例。

（2）按信号调制（载波调制）方式分

遥控器最常用的两种高频调制方式是FM调频和AM调幅，它们属于无线电传输的底层机制，所以早期遥控器按信号调制方式可以分为调幅（AM）式和调频（FM）式两种。其中，调幅（AM）式抗干扰能力稍差，无人机遥控中通常使用调频（FM）式。而且，每套设备都有自己的发射频率，大体上分为27MHz、35MHz、40MHz、60MHz、72MHz，容易互相干扰，如今逐渐淡出市场。

随着无线通信技术的进步，支持2.4GHz的新型遥控器也逐渐投入使用，此类遥控抗干扰能力强，通信带宽大，可支持图像、飞行参数等信息的回传。首先，2.4GHz频段的频带宽度远宽于72MHz、40MHz、35MHz等频段（72MHz频段仅含50个频点，2.4GHz可含400个频点），可用频点数很多，因此重频概率远低于传统频率遥控器；其次，2.4GHz电磁波直线性好、天线较短、使用方便；另外，2.4GHz无线电波绕射能力较强，在有障碍物遮挡情况下不易失控，所以2.4GHz制式已经成为目前遥控器产品的主流制式。

（3）按编码调制（基带编码）方式分

在信号调制方式的基础上，遥控器的操控效率跟编码的调制方式也有很大关系。比例遥控器最常用的两种脉冲编码方式是PPM（Pulse Position Modulation，脉冲位置调制或脉位调制）和PCM（Pulse-Code Modulation，脉冲编码调制或脉码调制），它们是基于高频调制方式上的信号加密和编码方式。

在实际操作中，采用PPM编解码方式的遥控器一般都要求在操作时先开遥控器后开接收机，先关接收机后关遥控器。其原因是在没有发射信号时，接收机会因自身内部的噪音或外界的干扰产生错误动作；即使是带静噪电路的接收机，在有同频干扰的情况下也会出现错误动作。而采用了PCM编解码方式的遥控器，在程序设计中包含了多种信号校验功能，就避免了遥控器和接收机开关顺序错误而导致的错误动作，所以PCM编码的优点在于其很强的抗干扰性。但值得注意的是，各个厂家生产的不同型号的PCM比例遥控设备，其编码方式都不相同，同PPM的通用性相比，PCM兼容性较差，且价格昂贵。

理论上基带编码可以和载波调制方式任意搭配，但实际上，遥控器中最常见的编码/信号调制组合为PPM/AM脉位调制编码/调幅、PPM/FM脉位调制编码/调频、PCM/FM脉冲调制编码/调频三种形式。

在2.4GHz的时代，各厂家在PPM和PCM之后也研发出了各自的编码调制方式。例如：SANWA（三禾电子，美国商标是Airtronics）专用的制式FHSS-1/FHSS-3，抗干扰性强，速度快。FHSS-1能用于SANWA全系列发射机，FHSS-3只能用于著名的SD-10G遥控器；Futaba（双叶电子）专用的低端制式FHSS/S-FHSS，抗干扰性强，适用于Futaba的T8J、6J、4YF三款飞机遥控器；Futaba专用的高端制式FASST，抗干扰性强，速度快，适用于著名的T8FG、8FGS、10C、10CG、12FG、12Z、14MZ、18MZ；Futaba 18MZ专用制式FAASTest，有双向传输功能；其他品牌比如富斯（Frsky）、海太克（Hi-tec）各自用自己的制式，不与其他厂家通用。

2.5 载荷

无人机任务载荷（如图2-29所示）中最基本的是相机（图像设备）、摄像机（视频设备）、热成像（红外探测）、喊话器、探照灯等，而云台、吊舱则是无人机搭载任务载荷必不可少的辅助平台。

（1）相机

无人机上使用的相机不是日常使用的普通相机，而是运动相机。对运动相机的要求是：质量轻，能三防（防水、防尘、防撞），拍摄要清晰。

（2）摄像机

无人机中一台遥控器可以控制多台摄像机，其拍摄效果可及时分享。

（3）云台

在多旋翼无人机主体上安装，固定运动相机以及摄像机支撑的控制设备。多旋翼无人机常常需要携带相机、摄像机进行飞行，遇到风时，多旋翼无人机很容易受到风的干扰，而云台则在此时帮助相机、摄像机等保持平稳。无人机上普遍使用的无刷电机云台（每个转轴上加装一个专用无刷电机），通过无刷电机的伺服来调节相机、摄像机等的稳定。

（4）吊舱

使用的范围较广，能安装在固定翼无人机、无人直升机和多旋翼无人机的机身、机腹和机翼悬挂式的短舱体上，而且能安装光电、激光、合成孔径雷达及火控武器等设备。常用的吊舱有二框架和四框架两种模式。

（5）搭载红外热成像仪

在军用、民用中都有应用，开始起源于军用，逐渐转为民用，通常被简称为热成像仪，可用于防火、夜视以及安防中。

（6）搭载倾斜测绘仪

集成了一个垂直相机和四个倾斜相机，可执行小范围、高分辨率的倾斜航空摄影任务，还可用于测绘、勘探、农业、国土等行业。其采集的影像通过建模软件，可自动生成高分辨率、高精度的真三维模型。

（7）搭载可见光电视摄像机、红外摄像机

集获取图像、视频采集、远程传输、视频播放与检索和报警等功能于一体。利用可见光和红外线两种技术，实现全天候监控，并通过网络、无线传输等多种传输方式，实现监视、传输、实时掌控现场的功能。

(a) 相机　　　　　　　(b) 云台　　　　　　　(c) 吊舱

(d) 热成像仪　　　　　(e) 探照灯　　　　　　(f) 喊话器

图 2-29　载荷

第<big>3</big>章

多旋翼无人机的结构与装调

3.1　多旋翼无人机基础

3.1.1　多旋翼无人机的定义

多旋翼无人机（如图 3-1 所示）是一种具有三个及三个以上旋翼轴的特殊的无人驾驶直升机。其通过每个轴上的电机转动来带动旋翼，从而产生升力。旋翼的总距固定，而不像一般直升机那样可变。通过改变不同旋翼之间的相对转速，可以改变单轴推进力的大小，从而控制飞行器的运行轨迹。

图 3-1　多旋翼无人机

3.1.2 多旋翼无人机的飞行原理

以四旋翼飞行器的控制原理为例，在没有外力并且重量分布平均时，四个电机带动螺旋桨同速转动，在螺旋桨向上的拉力大于整机的重量时，四旋翼飞行器就会向上上升，在拉力与重量相等的时候，四旋翼飞行器就会在天空中悬停。在四旋翼飞行器的前方受到向下的外力时，前方马达加快转速，以抵消外力的影响从而保持水平，同样其他几个方向受到外力时四轴也是可以通过这种动作保持水平的。当需要控制四旋翼飞行器向前飞时，前方的马达减速，而后方的马达加速，这样四旋翼飞行器就会向前倾斜，也相应地向前飞行。同样，需要向后、向左、向右飞行也是通过这样的控制使四旋翼飞行器往想要控制的方向飞行。当控制四旋翼飞行器的机头方向向顺时针转动时，四旋翼飞行器同时加快左右马达的转速，并同时降低前后马达的转速，因为左右马达是逆时针转动的，而左右马达的转速是一样的，所以左右是保持平衡的，而前后马达是顺时针转动的，但前后马达的转速也是一样的。所以前后左右都是可以保持平衡，飞行高度也是可以保持平衡的，但是逆时针转动的力比顺时针转动的力大，所以机身会向反方向转动，从而达到控制机头方向。这也是为什么四旋翼无人机要使用两个反桨、两个正桨的原因。旋翼轴数越多，无人机越稳定。

陀螺仪对微小的转动非常敏感，所以它对飞行器飞行姿态的控制起着重要作用。无人机有一点点的偏转，陀螺仪就能自动修正。简单地说，陀螺仪就是帮助飞行器保持稳定姿态的，所以有陀螺仪的无人机飞行稳定。四旋翼飞行器没有陀螺仪就不能飞行，因为四个螺旋桨的动力有一点点差别就会侧翻。三轴加速度计是用来分析陀螺仪的信号，转多少角度，分析此时的飞行姿态，它能够记住无人机的姿态，当操纵杆回位后，无人机就自动恢复水平。

3.2 多旋翼无人机的组成

3.2.1 多旋翼无人机的机架

机架是多旋翼飞行器不可或缺的部件。以 F450 机架（如图 3-2 所示）为例，这款机架是为了满足大多数航模爱好者而开发的一套机架，同时 F450 机架是四旋翼无人机入门机型。

图 3-2　机架

该机架主要包括四轴的 4 个机臂，一块下分电板和一块上顶板。机臂上主要安装电机和连接上板与下板，同时可以固定电调。下分电板主要是给 4 个电调供电。上顶板可以用来固定飞控、接收器和电池等。

3.2.2　多旋翼无人机的飞控

飞控是多旋翼飞行器的核心设备。飞控的好坏从本质上决定了飞行器的飞行性能，所以要想操控好多旋翼飞行器就要有一个好的飞控板。

对于那些要求高精度航拍效果的人就需要采用 Naza、Wookong-M 或者 YS-X4 飞控板。这些飞控板性能稳定，可以提供完整的功能和特殊的扩展接口，能够满足用户的不同需求。

综合来说，Naza 的飞控板操控性更好，而且能保证设备安全稳定。

下面我们以教学设备 Naza 飞控板为例进行介绍。

Naza 飞控板，俗称哪吒飞控板，它是 DJI（大疆）公司出产的一款多旋翼飞控。主要版本有 Naza-M、Naza-M Lite、Naza-M V2 和 Naza-H。Naza 飞控板的基本功能如下。

- 多选控制模式：手动模式（可选手动、姿态、失控保护）；姿态模式；GPS 模式。
- 智能方向控制（CF 功能），为航向锁定 / 返航点锁定。
- 增强型失控保护：自动降落 /go home 自动降落熄火。
- 四旋翼 I，X；六旋翼 I，V，Y，IY；八旋翼 X，I，V。
- 掰杆启动，停止类型分为立即模式和智能模式。

- 远程调参。
- 支持两轴云台，云台舵机多频率支持（八轴时不支持云台）。
- D-BUS 接口，支持 S-BUS/S-BUS Ⅱ 接收机；支持 PPM 接收机。
- 电压检测和低压报警。
- 四通道遥控器支持。
- 马达调制中新增电机怠速五级可调。
- IMU 校准。
- 支持 PMU 扩展模块，可支持 IOSD，H3-2D 云台，Naza-M BTU 模块等设备。

Naza 飞控板主要接线口如图 3-3 所示。

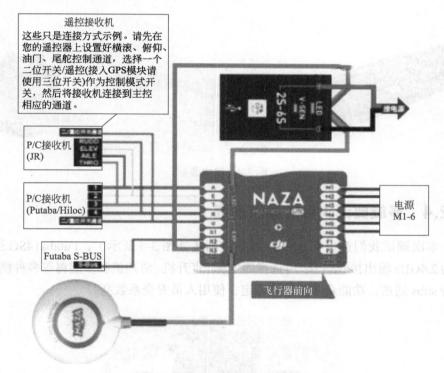

图 3-3　飞控连接图

3.2.3　多旋翼无人机的电子设备及配件

完整的多旋翼飞行器系统中包含一套"动力系统"。这套"动力系统"由电调、电机和螺旋桨三种动力装置（如图 3-4 所示）组成。现在来了解一下多旋翼无人机的电子设备及配件。通过本节的学习，将会了解如何按照自己的需要选择一套多旋翼飞行器的"动力系统"。

多旋翼飞行器需要的是无刷电机，所以应选用无刷电调。无刷电调输入的是直流电，可以接稳压电源，或者锂电池。输出的是三相交流电，直接与电机的三相输入端相连。如果上电后，电机反转，只需要把这三根线中的任意两根对换位置即可。另外，电调还有三根信号线用来与接收机连接，控制电机的运转。

行业应用中的电调比较多，品牌众多，我们应选择一款适合的电调，关系到安全和使用效果，在选择电调时还要注意电调与电机配套，原则是电调的电流与电机的峰值相同，最好电调的电流略高于电机的峰值。

以 F450 多旋翼无人机为例，为了电机的电流安全使用，我们一般推荐选用30A 的电调、2212 980KV 的电机和 11in（约合 28cm）的螺旋桨。

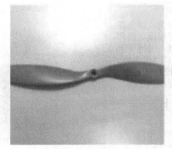

图 3-4　动力装置

3.2.4　多旋翼无人机的遥控系统

本次调试我们选用 Futaba14SG 遥控器（如图 3-5 所示），Futaba14SG 遥控器为 2.4GHz 输出接收信号；可选择固定翼、直升机、滑翔机和多旋翼等多种模型；支持 subs 通道；功能众多，信号稳定，使用人员安全系数高。

图 3-5　Futaba14SG 遥控器

3.3 多旋翼无人机装调

3.3.1 线路的焊接

① 将硅胶线剥出一段，用电烙铁将焊锡加热浸入线材，如图 3-6 所示。

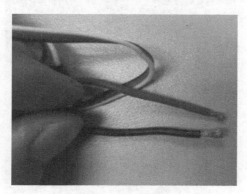

图 3-6 预焊接

② 将 4 个电调焊接在四旋翼分电板上，如图 3-7 所示。

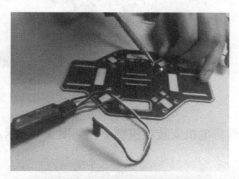

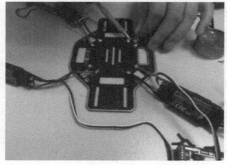

图 3-7 焊接电调

3.3.2 机架的组装

① 使用 3M 双面胶将 Naza 飞控板粘贴在分电板的中心位置，如图 3-8 所示。

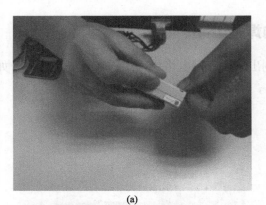

(a)

(b)

图 3-8　安装飞控

② 使用 M2.5 螺丝将电机安装在机臂上，如图 3-9 所示。

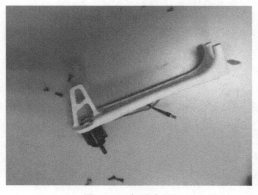

图 3-9　安装电机

③ 电机安装完成后将机臂安装在分电板上面，如图 3-10 所示。

图 3-10　安装机臂

④ 将电机与电调的香蕉头连接，如图 3-11 所示。

图 3-11　连接电机与电调

⑤ 机臂与下分电板安装完成，如图 3-12 所示。

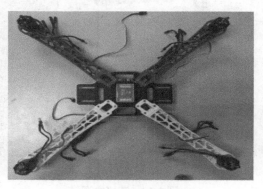

图 3-12　机臂连接分电板

⑥ 将电池电源线和电源模块焊接在下分电板的电源正负极，电源线焊接完毕后，用一些绝缘硅胶或者绝缘材料采取绝缘措施，如图3-13所示。

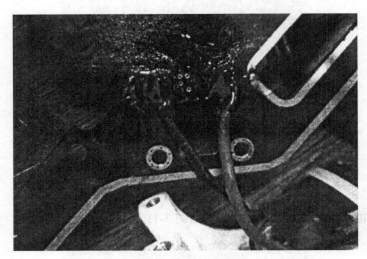

图 3-13　绝缘措施

3.3.3　整机的组装

下面以 Naza 飞控板为例，讲解整机组装的步骤。

① 将电调线插入飞控接口（M1-M4 电调线相对应 M1-M4 飞控接口），电源模块接入 X3 接口，如图 3-14 所示。

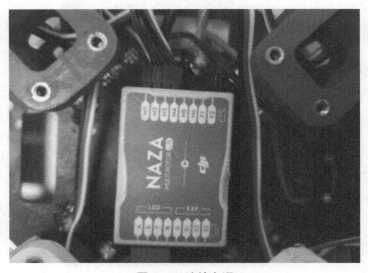

图 3-14　连接电调

② 将 LED 显示灯接入 LED 接口，如图 3-15 所示。

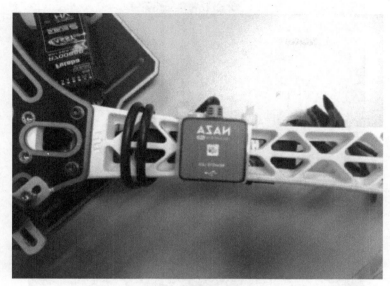

图 3-15　安装 LED 显示灯

③ FutabaR7008SB 接收机接入 X2 接口，如图 3-16 所示。

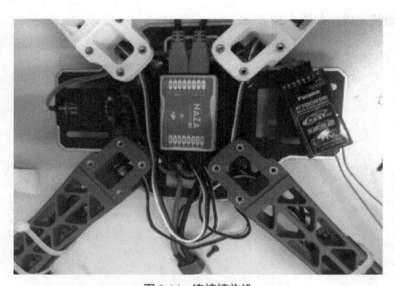

图 3-16　连接接收机

④ GPS 模块插入 EXP 接口，如图 3-17 所示。

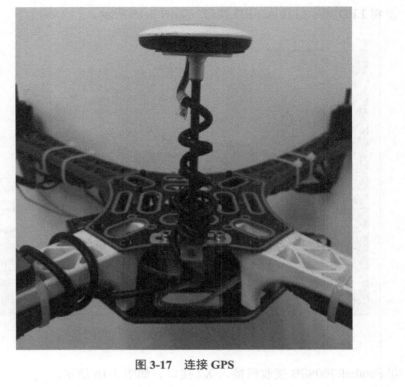

图 3-17　连接 GPS

⑤ 组装完成，如图 3-18 所示。

图 3-18　组装完成

3.4 四旋翼无人机的控制系统

3.4.1 软件安装

以四旋翼无人机 Naza-M Lite 飞行控制系统为例进行讲解。首先按以下步骤下载调参软件及驱动程序。

① 找到系统模块——飞行控制器，系统界面如图 3-19 所示。

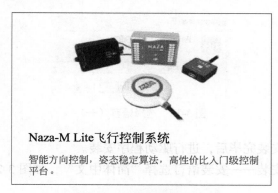

Naza-M Lite飞行控制系统

智能方向控制，姿态稳定算法，高性价比入门级控制平台。

图 3-19　飞行控制系统界面

② 点击进入，再点击"下载"，如图 3-20 所示。

图 3-20　点击下载

③ 下载调参软件及 DJI 驱动程序，如图 3-21 所示。

图 3-21　进行下载

④ 下载完成后，安装调参软件，点击"打开"，如图 3-22 所示。

图 3-22　进行安装

⑤ 安装语言选择"简体中文"，如图 3-23 所示。

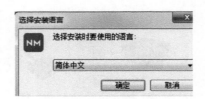

图 3-23　选择语言（一）

⑥ 调参软件安装完毕后，进行驱动程序安装。

⑦ 驱动程序安装——安装语言选择"简体中文"，如图 3-24 所示。

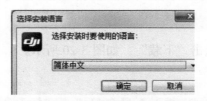

图 3-24　选择语言（二）

⑧ 用电池给主控供电，如图 3-25 所示。

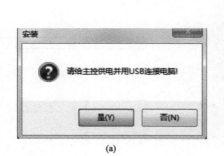

(a)

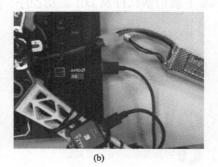

(b)

图 3-25　给主控供电

⑨ 点击"下一步"进行安装，如图 3-26 所示。

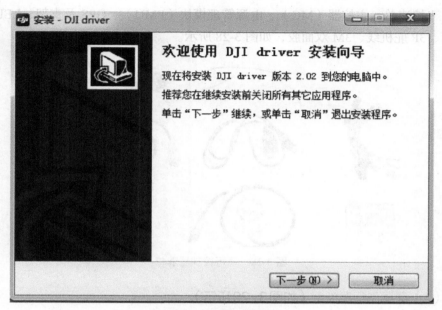

图 3-26　安装驱动

⑩ 安装完成，如图 3-27 所示。

图 3-27　安装完成

3.4.2 软件的调试

飞控清单：主控器（MC）、电源管理模块（PMU）、GPS 及支架、LED 指示灯、3P 舵机线、3M 双面胶，如图 3-28 所示。

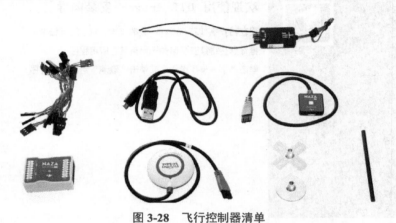

图 3-28 飞行控制器清单

（1）选择飞行器类型（如图 3-29 所示）

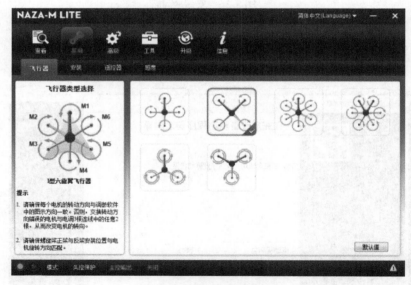

图 3-29 选择飞行器类型

（2）GPS 设置（如图 3-30 所示）

根据软件界面提示，填入 GPS 位置与飞机重心的相对距离，注意 X 轴、Y 轴与 Z 轴的方向。

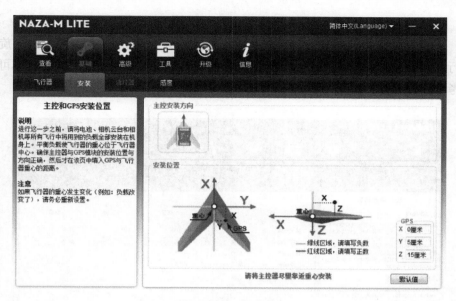

图 3-30　GPS 设置

（3）遥控器设置（如图3-31所示）

首先切换 FutabaR7008SB 接收机为 S-BUS 模式，然后在软件界面选择接收机类型。成功连接接收机后，根据调试软件界面上的提示，校准遥控器，并检查通道是否正常、是否反向，控制模式切换是否正常。

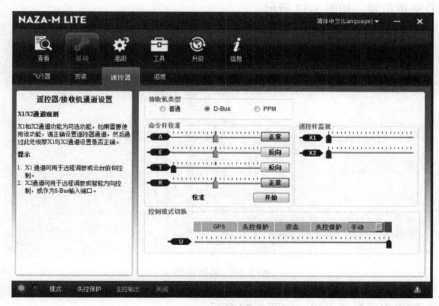

图 3-31　遥控器设置

（4）感度设置

感度设置通常采用默认参数就足够，默认值为 100%。但是，不同的多旋翼飞行器因为型号、电子调速器、电机和螺旋桨的不同会导致感度不同，具体可以参考图 3-32 做调整。

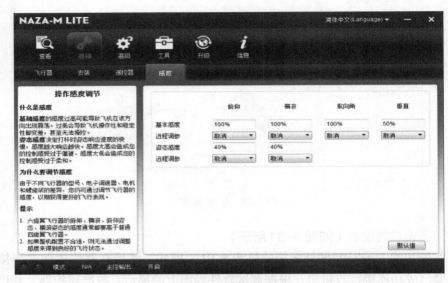

图 3-32　感度设置

① 通道设置，如图 3-33 所示。

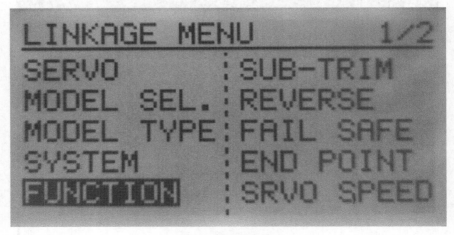

图 3-33　通道设置

② 舵机内置微调设置，如图 3-34 所示。

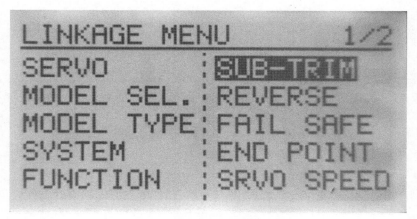

图 3-34 微调设置

③ 舵机行程量设置，如图 3-35 所示。

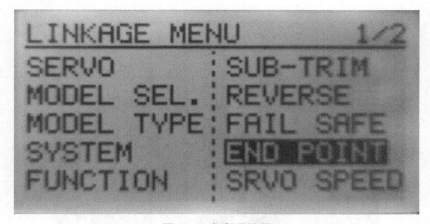

图 3-35 行程量设置

④ 电机转速不一致解决方法如下。

a. 开启遥控器，将油门推到最大，将电调接上电池，等待；

b. 进行校准电机、电调，听到"滴滴"两声将油门推到最小，"滴滴滴"三声之后推到最大，"滴"一声之后校准成功；

c. 系统准备就绪，可以起飞。

⑤ GPS 模式下，多旋翼无人机发生漂移，可采用静态调试校准。

a. 在手动模式和 GPS 模式之间来回快速切换控制模式开关 6～10 次，LED灯显示黄灯常亮；

b. 水平方向旋转飞行器 360°，直至绿灯常亮，如图 3-36 所示；

图 3-36　水平旋转 360°

　　c. 垂直方向（机头朝下）旋转飞行器 360°，绿灯熄灭，校准完成，如图 3-37 所示；

图 3-37　垂直旋转 360°

　　d. 校准完成后，LED 灯红黄绿灯交替闪烁为正常，准备起飞，如图 3-38 所示。

图 3-38　准备起飞

第 4 章

固定翼无人机的结构与装调

4.1 固定翼无人机基础

4.1.1 固定翼无人机的概念

固定翼无人机是指由动力装置产生前进的推力或拉力,由机身的固定机翼产生升力,在大气层内飞行的重于空气的航空器,如图4-1所示。

图 4-1 固定翼无人机

4.1.2　固定翼无人机的飞行原理

　　飞机从地面滑跑到离地升空，是升力不断增大，直到大于飞机重力的结果。而只有当飞机速度增大到一定时，才可能产生足以支持飞机起飞的升力。

　　固定翼飞机和直升机都是靠空气动力飞行的，它们的原理其实很相似。机翼上产生的升力大小和机翼剖面形状有很大关系，机翼的剖面形状也叫翼型。

　　翼型最前端的一点叫"前缘"，最后端一点叫"后缘"，前缘和后缘之间的连线叫"翼弦"，如图 4-2 所示。

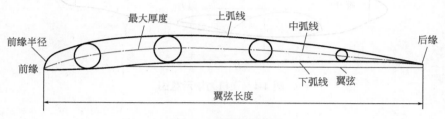

图 4-2　翼型剖面图

　　常用的翼型有五种，如图 4-3 所示。

　① 凹凸型：这种翼型升阻比较大，能生成较大的升力，同时阻力也较大。

　② 平凸型：这种翼型的升阻比较小，安全性好。

　③ 双凸型：这种翼型比对称翼型的升阻比大。

　④ 对称型：这种翼型在所有翼型中的阻力是最小的。

　⑤ S 型：这种翼型力矩特性稳定。

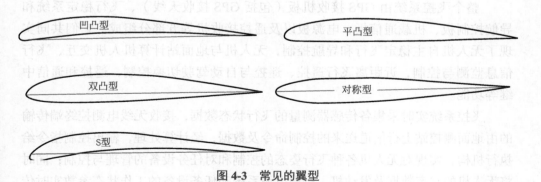

图 4-3　常见的翼型

　　在一个流体系统中，比如气流、水流中，流速越快，流体产生的压力就越小，这就是丹尼尔·伯努利 1738 年发现的"伯努利定理"。这个压力产生的力量是巨大的，空气能够托起沉重的飞机，就是利用了伯努利定理。飞机机翼的上表面是流畅的曲面，下表面则是平面。这样，机翼上表面的气流速度就大于下表面的气流速度，所以机翼下方气流产生的压力就大于上方气流的压力，飞机就被这巨大的压力差"托浮"住了，如图 4-4 所示。

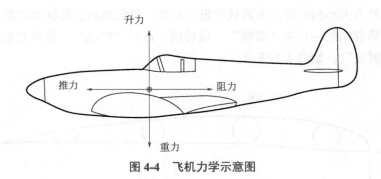

图 4-4　飞机力学示意图

4.1.3　固定翼无人机的飞行控制器

无人机飞行控制与管理系统是无人机的关键系统之一，是无人机完成发射起飞、空中飞行、执行任务、回收等整个飞行过程的核心控制系统。它不仅可以完成无人机的内外回路航迹控制，还可以完成无人机的导航、制导、飞行任务管理、任务载荷管理与控制。它强调系统稳定性、控制与导航精度等性能指标和任务管理能力，特别是自主导航能力，对无人机实现全权限控制与管理，因此对无人机的功能和性能起关键性、决定性作用。

整个飞控系统由 GPS 接收机板（包括 GPS 接收天线）、飞行稳定系统和导航控制板、机载通信板、电源板以及遥控接收机等五部分组成。它们共同实现了无人机自主稳定飞行和导航控制，无人机与地面站计算机人机交互、飞行信息监测与控制，近距离飞行遥控、遥控与自动驾驶切换控制，遥控和通信中继等功能。

飞控系统实时采集各传感器测量的飞行状态数据，接收无线电测控终端传输的由地面测控站上行信道送来的控制命令及数据，经计算处理，输出控制指令给执行机构，实现对无人机各种飞行姿态的控制和对任务设备的管理与控制；同时将无人机的状态数据及发动机、机载电源系统和任务设备的工作状态参数实时传送给机载无线电数据终端，经无线电下行信道发送回地面控制站。按照功能划分，飞控系统的硬件包括主控制模块、信号调理及接口模块、数据采集模块以及舵机驱动模块等，如图 4-5 所示。

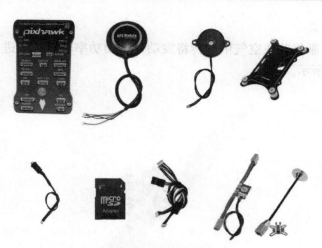

图 4-5 飞行控制系统硬件

4.2 固定翼无人机的结构

4.2.1 动力系统

下面列举一些常用的动力系统。

（1）电机

某款型号为 2820 的电机，如图 4-6 所示。

图 4-6 电机

这款电机属于无刷直流电机。无刷直流电机由电动机主体和驱动器组成，是一种典型的机电一体化产品。这款电机的 KV 值为 1100，所以建议配备9060 的桨。

（2）螺旋桨

螺旋桨是靠桨叶在空气中旋转将发动机转动功率转化为推进力或升力的装置，如图4-7所示。

图4-7　螺旋桨

螺旋桨主要指标包含螺距和尺寸。桨的指标是4位数字，前面2位代表桨的直径，后面2位是桨的螺距，螺距产生拉力或推力。

（3）电调（如图4-8所示）

动力电机的调速系统统称为电调（即电子调速器），针对动力电机的不同，可分为有刷电调与无刷电调。电调的作用就是将飞控板的控制信号转变为电流的大小，以控制电机的转速。

图4-8　电子调速器

（4）电池（如图4-9所示）

采用锂聚合物电池。锂聚合物电池（简称 Lipo）相对以前的电池来说，能量更高、体积更小、重量更轻，是一种化学性质的电池。一般的参数有电压、放电倍率、充电倍率、容量和内阻。电池的 S 就是 3.7V 电池的个数，比如 1S 就是一个 3.7V 锂电池，2S 就是两个 3.7V 锂电池串联。教学设备选用的是"容量为 3S　5300mAh　30C 放电　5C 充电"的锂聚合物电池。3S 代表它是 3 个电芯串联起来的电池，这个电池以 11.1V 为起电压，充满为 12.6V；5300mAh 为电池容量；30C 放电，表示这个航模电池可以以 30×5300(mA)=159(A) 最大电流放电；5C 充电就是 5×5300(mA)=26.5(A) 最大电流充电。

图 4-9　锂聚合物电池（图例为格氏电池）

4.2.2　固定翼无人机的电子设备

固定翼无人机的电子设备主要指舵机（如图 4-10 所示），这里所说的舵机是一种伺服驱动器，它是操纵飞机舵面（操纵面）转动的一种执行部件。它通过拉杆直接连接飞机的舵面，控制舵面的状态，从而控制飞机的姿态。

图 4-10　舵机

4.2.3 固定翼无人机机体的材料

EPP、KT板、碳纤维、木质或其他复合材料也可作机体材料，但一般教学中选用的无人机为EPO材质。EPO是采用特殊聚合工艺生产的一种"共聚物"，组成和结构独特（由30%的聚乙烯和70%的聚苯乙烯组成）。聚乙烯组分主要分布在粒子的外层，促进颗粒之间的塑化和结合；聚苯乙烯组分主要分布在粒子的内部，对于泡粒结构具有良好支撑作用。EPO具有耐撕裂、耐戳穿、耐刮和耐碎裂性高，尺寸稳定性好、泡沫制品的回弹性（复原性）好、抗压强度高等优点。

4.3　固定翼无人机的装调

4.3.1　舵机的安装

（1）飞机部件图（如图4-11所示）

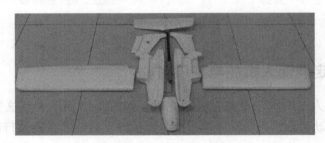

图 4-11　飞机部件图

（2）舵角的安装（如图4-12所示）

用泡沫胶将舵角安装在相应位置（副翼舵、升降舵、方向舵安装步骤相同）。

图 4-12　安装舵角

（3）舵机的安装

① 使用舵机测试仪，将其修正中立位置（副翼舵、升降舵、方向舵步骤相同），如图 4-13 所示。

图 4-13　校准舵机

② 使用泡沫胶将舵机安装在对应的位置（副翼舵、升降舵、方向舵安装步骤相同），如图 4-14 所示。

图 4-14　固定副翼舵机

③ 方向舵机安装，如图 4-15 所示。

图 4-15　固定方向舵机

4.3.2 机体的装调

机体组装步骤如下。

① 安装电机。使用配套螺钉将电机固定到木质电机座，如图 4-16 所示。

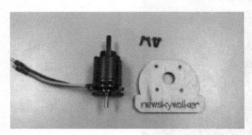

图 4-16 安装电机

② 安装飞行控制器（箭头方向为机头）。使用 3M 海绵胶将飞控板粘贴在配套木质飞控固定板上，如图 4-17 所示。

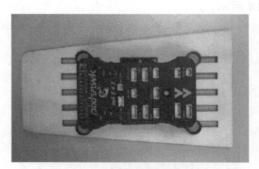

图 4-17 安装飞控

③ 将魔术扎带穿过电池板，使用泡沫胶涂抹在机身，固定电池板，如图 4-18 所示。

图 4-18 固定电池板

④将连接杆与垂直尾翼连接，使用泡沫胶进行固定，如图 4-19 所示。

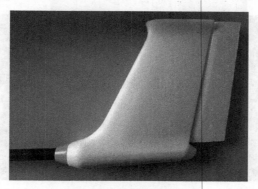

图 4-19　连接垂直尾翼

⑤将垂直尾翼与水平尾翼通过卡扣进行连接，如图 4-20 所示。

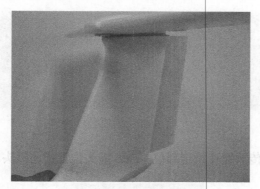

图 4-20　连接水平尾翼

⑥将副翼、升降、油门、方向连接飞控所对应插口，单独连接一根 S-BUS 线，如图 4-21 所示。

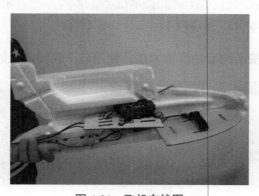

图 4-21　飞机布线图

⑦ 连接飞行控制器上的控制线，如图 4-22 所示。

图 4-22　连接飞控线路

⑧ 使用泡沫胶对机身进行拼合，如图 4-23 所示。

图 4-23　连接机身

⑨ 将 GPS、数传放置在指定部位（GPS 箭头位置指向机头），如图 4-24 所示。

图 4-24　安装 GPS、数传

⑩ 在机身底部安装配套防摩擦木板，使用泡沫胶固定，如图 4-25 所示。

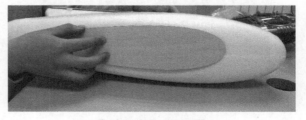

图 4-25　固定防摩擦板

⑪ 安装副翼连杆与连接木片，使用泡沫胶进行固定，如图 4-26 所示。

图 4-26　安装木垫片

⑫ 固定电机座，使用泡沫胶将电机座与机身固定，如图 4-27 所示。

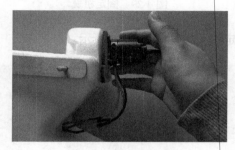

图 4-27　固定电机座

⑬ 使用 S-BUS 线连接接收机，并将接收机安装在机头位置，如图 4-28 所示。

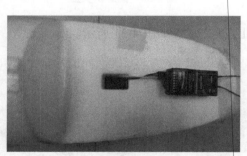

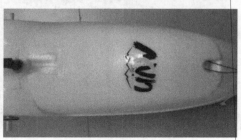

图 4-28　连接接收机

⑭ 使用橡皮筋将机翼固定，如图 4-29 所示。

图 4-29　固定机翼

⑮ 使用橡皮筋固定机头盖，如图 4-30 所示。

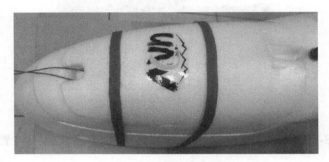

图 4-30　固定机头盖

⑯ 固定翼无人机组装完成，如图 4-31 所示。

图 4-31　组装完成

4.3.3 遥控系统的调试

① 根据舵面调节舵机行程量，如图 4-32 所示。

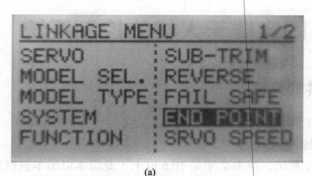

(a)

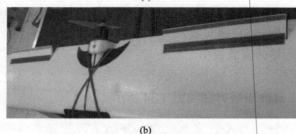

(b)

图 4-32 校准通道行程量

② 观察舵面是否反舵，调节舵机正反设置，如图 4-33 所示。

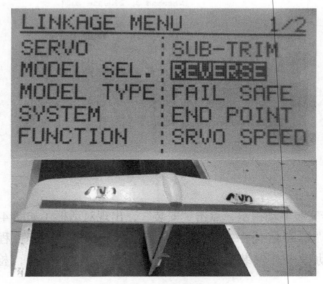

图 4-33 校准通道正反

③ 电机校准。将油门推到最大，电调通电，听到"滴滴"两声将油门推到最小，"滴滴滴"三声之后推到最大，"滴"一声之后校准成功。

4.4 固定翼无人机的控制系统

4.4.1 软件的安装

（1）准备工作

① 操作系统：

- 苹果 Mac 系统，版本必须是 10.6 以上（此版本以编本教材日期为准）；
- Linux 系统，可以尝试登录 Linux，在终端输入 cat/proc/version 查看；
- Windows 系统，可直接安装。

② 驱动及地面站的安装说明

（2）安装过程

① Mission Planner 安装界面如图 4-34 所示。

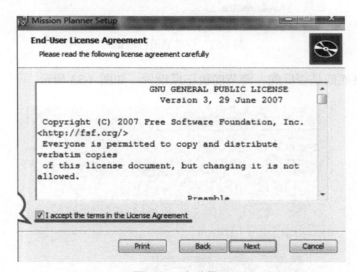

图 4-34 安装界面

② 下一步安装驱动提示，点击"安装"，出现对话框（如图 4-35 所示）。

③ 勾选"始终信任……"，然后点击"安装"，安装程序会自动安装相关的驱动程序。安装完成后，用 USB 连接一下飞控，检查驱动是否正常。

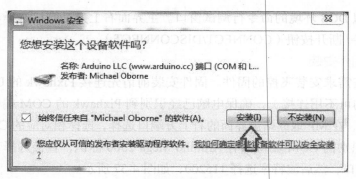

图 4-35　驱动安装

4.4.2　软件的调试

（1）打开地面站认识 MP 的界面

安装完 Mission Planner 和驱动后，启动 Mission Planner 主程序，启动后首先呈现的是一个多功能飞行数据仪表界面，如图 4-36 所示。

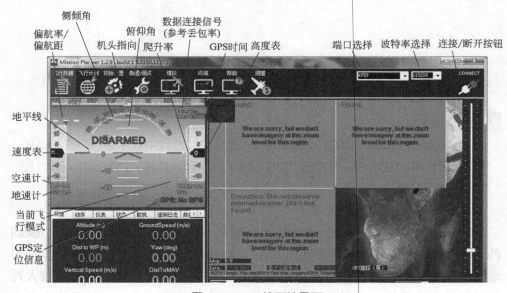

图 4-36　MP 地面站界面

MP 地面站已经将大部分菜单汉化。主界面左上方为八个主菜单按钮，其中："飞行数据"实时显示飞行姿态与数据；"飞行计划"是任务规划菜单；"初始设置"用于固件的安装与升级及一些基本设置；"模拟"是给 Pixhawk 刷入特定的模拟器固件后，将 Pixhawk 作为一个模拟器在电脑上模拟飞行使用；"终端"

是一个类似 DOS 环境的命令行调试窗口。主界面右上方是端口选择、波特率选择以及连接 / 断开按钮（CONNECT/DISCONNECT）。

（2）固件安装

首先按需求安装飞控的固件。固件安装前请先连接 Pixhawk 的 USB 线到电脑（其他的可不用连接），确保电脑已经识别到 Pixhawk 的 COM 端口后，打开 MP 地面站，在 MP 地面站主界面的右上方端口选择，选择相对应的 COM 端口，一般正确识别的 COM 端口都有 Arduino Mega 2560 标识，直接选择带这个标识的 COM 端口，然后波特率选择 115200，如图 4-37 所示。

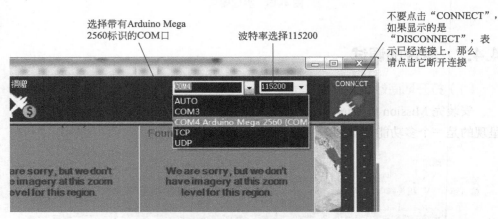

图 4-37　连接飞控

注意

请不要点击"CONNECT"连接按钮，固件安装过程中程序会自行连接。如果之前已连接 Pixhawk，需点击"DISCONNECT"断开连接，否则固件安装过程中会弹出错误提示。

MP 地面站提供了两种方式升级安装固件，一种是手动模式（"Install Firmware"），另外一种是向导模式（"Wizard"）。向导模式会一步一步地以对话方式提示你选择所对应的飞控板、飞行模式等参数，虽然比较人性化，但是也有弊端，向导模式会在安装过程中检索你的端口，如果检索端口后，因电脑性能的差异，端口没有有效释放的话，后续的固件刷入会提示不成功，所以使用向导模式升级安装固件的出错概率比较大，建议使用手动模式安装。

① 选择"初始设置"——"安装固件"，如图 4-38 所示。

图 4-38　安装固件

② 等待下载完成，点击"Load custom firmware"，如图 4-39 所示提示界面。

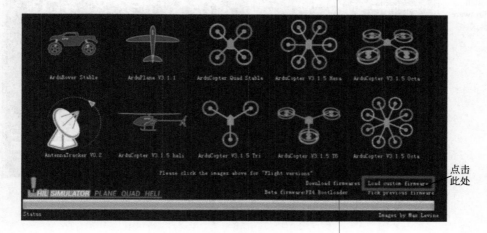

点击
此处

图 4-39　刷新固件

③ 刷新完成，如图 4-40 所示。

图 4-40　刷新完成

④ 点击"初始设置"后再点击"Install Firmware"，窗口右侧会自动从网络下载最新的固件并图形化显示固件名称以及固件所对应的飞机模式，点击所需

的飞机模式图片，MP 地面站就会自动从网络上下载该固件，然后自动完成连接 Pixhawk—写入程序—校验程序—断开连接等一系列动作。如果想使用一个历史版本的固件，请点击右下角 "Beta firmware Pick previous firmware" 处，点击后会出现一个下拉框，只要在下拉框里选择自己需要的固件即可，如图 4-41 所示。

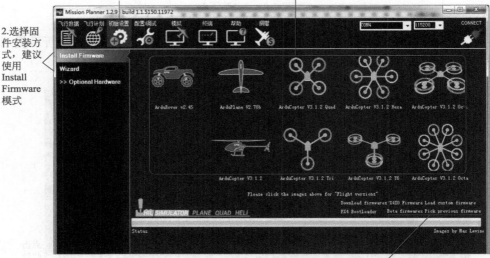

图 4-41　固件界面

这个版本的固件在解锁后，电机就会以怠速运行，如果关闭或者配置这个功能，请使用 MOT_SPIN_ARMED 参数进行配置。固件安装成功后（提示 "Done"），就可以点击右上角的 "CONNECT" 连接按钮连接 Pixhawk，查看 Pixhawk 实时运行姿态与数据。

（3）开始调试

① 选择端口号和端口波特率，点击连接，如图 4-42 所示。

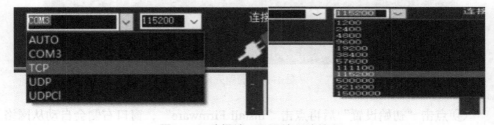

图 4-42　选择端口号和端口波特率

② 点击"初始设置"—"必要硬件",如图 4-43 所示。

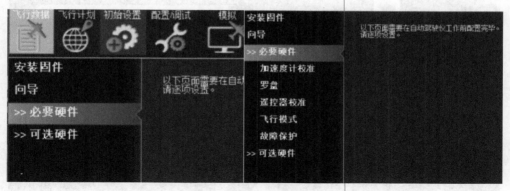

图 4-43　选择必要硬件

③ 选择加速度计校准,如图 4-44 所示。

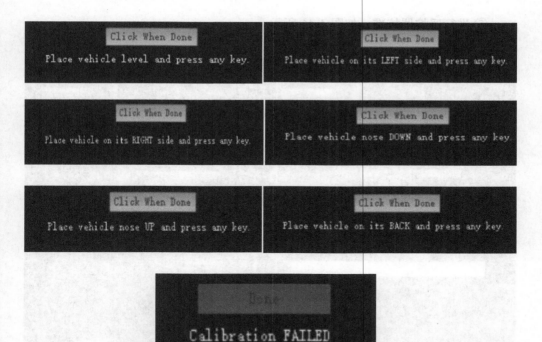

图 4-44　选择加速度计校准

④ 进行磁罗盘校准,如图 4-45 所示。

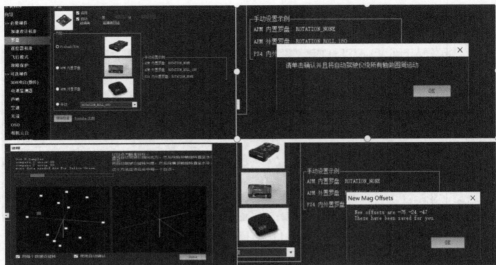

图 4-45　磁罗盘校准

⑤ 进行遥控器校准，如图 4-46 所示。

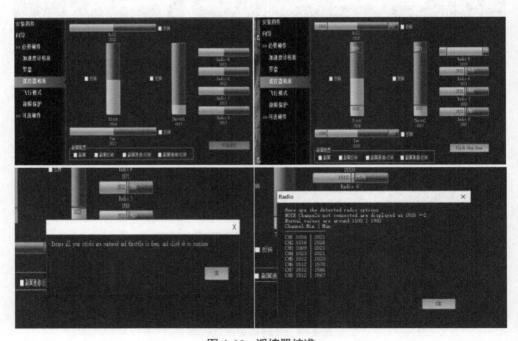

图 4-46　遥控器校准

⑥ 长按安全开关，进行解锁，如图 4-47 所示。

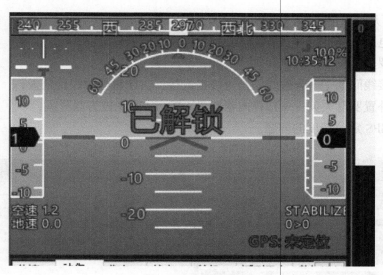

图 4-47　飞控解锁

4.4.3　常见故障的解决方法

当屏幕上出现"Bad Compass Health"（如图 4-48 所示）时，即显示无人机出现了故障。

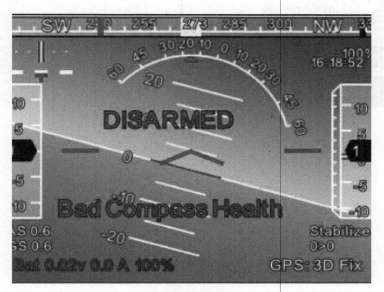

图 4-48　故障显示

从图中可以看到，GPS 是有信号的，但是磁罗盘出问题了，那么出现这种情况有以下几种可能（如图 4-49 所示）：

① 电压供电不足——需要拿万用表检查电压供电情况；

② 罗盘未校准——重新进行校准；

③ 接线问题——查看线路是否接错或接反，注意电源线正负极；

④ 外置罗盘失灵——选择内置罗盘，Pixhawk 飞控为双罗盘；

⑤ GPS 定位精度的问题。

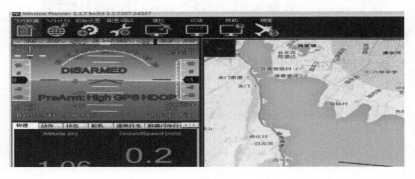

(a)

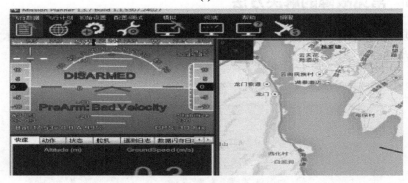

(b)

图 4-49　故障显示

第 **5** 章

无人机的模拟飞行

5.1 模拟软件

5.1.1 模拟软件的选择

无人机与航模的区分，基本上可以从定义、飞控系统、自动控制、组成、用途、管理这六个方面来梳理，通常把载荷、集成模块、执行任务形式等作为主要区分方式，但机体本身调试方式与航模基本一致，所以调试操控有无线电控制姿态飞行的共同点。学习、练习过程中采用的模拟训练方式暂无无人机与航模的区分，因此本书中涉及的学习案例以航模相关模拟软件品牌进行介绍。

（1）Reflex XTR

其环境仿真程度高，相关设置简单，安装过程方便。XTR 模拟软件可直接连接电脑和遥控器，手感和设置与真正的模型飞机基本相同，只是视觉效果稍有不同。在模拟器中操控模型飞机练习一段时间后，就可以开始模型飞机的飞行练习。此外，XTR 模拟软件不受场地、天气、设备的影响，可以随时随地地进行模拟飞行。

XTR 模拟软件内含直升机、固定翼飞机、滑翔机等各式飞行器模式，能让用户轻松体验各种飞机的飞行操控感觉。玩家还可以对自己的飞行器和飞行环境进行设置，模拟不同的机型在不同的环境中飞行。

（2）RealFlight G4

RealFlight G4 模拟软件画面美观，即时运算的 3D 场景，从机体排烟的浓淡到天空云彩的颜色都可自行定义。飞行模组及对风的特性模拟真实度高，可以任意切换持续风、阵风、随机风向等。模拟软件同时也具有网络连线功能，可与他人连线飞行；具有录影功能，可录制飞行记录，观看飞行记录时还可以显示摇杆的动作；飞行中可在画面上显示机体各项数据，如螺距、主旋翼转速等等。

（3）PhoenixRC

PhoenixRC 模拟软件手感和设置与真正的模型飞机基本相同，其中包含 100 多种模拟机型，各种旋翼、固定翼都有。PhoenixRC 模拟器软件采用了游戏化的操作界面，全面逼真模拟真实环境，可以更改机型、场地、天气条件，非常容易上手，如图 5-1 所示。

图 5-1　PhoenixRC 模拟软件

5.1.2　模拟软件的安装

模拟器全能版的配套光盘包含 Reflex XTR、RealFlight G4、AeroFly Professional Deluxe、PhoenixRC 等主流的模拟软件。因为 Reflex XTR 和 PhoenixRC 最适合新手进行入门练习，所以在这里主要介绍这两款模拟器的安装步骤。

① 在提供的模拟器软件中双击打开 "autorun.exe"，如图 5-2 所示。

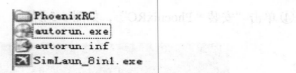

图 5-2 双击"autorun.exe"

② 出现如下界面，单击"简体中文菜单"，如图 5-3 所示。

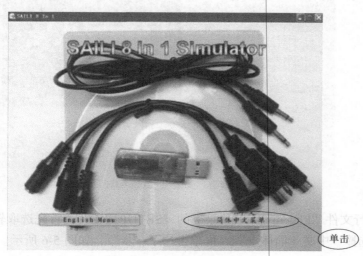

图 5-3 单击"简体中文菜单"

③ 出现如下界面，单击"安装　模拟器控制台"，如图 5-4 所示。

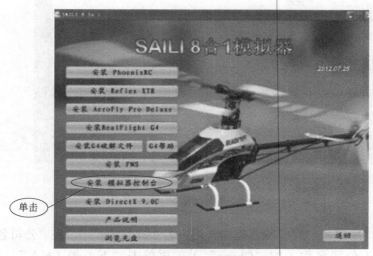

图 5-4 单击"安装　模拟器控制台"

④ 单击"安装 PhoenixRC",如图 5-5 所示。

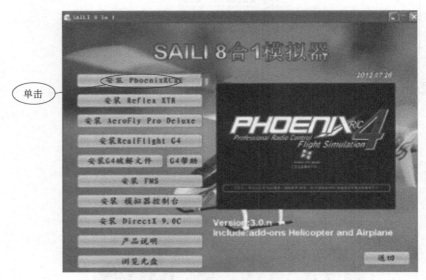

图 5-5 单击"安装 PhoenixRC"

⑤ 运行文件"PhoenixRC"目录下的"SETUP.EXE",首先选取软件安装语言,本次选择"中文（简体）",再单击"下一步",如图 5-6 所示。

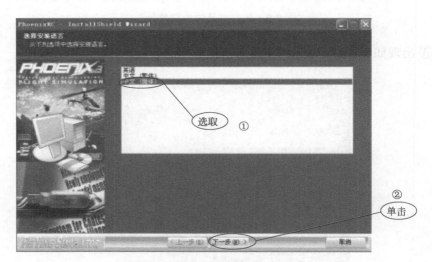

图 5-6 选择"中文（简体）"

⑥ 在"用户名（U）"输入框输入用户名（如"User"），在"公司名称（C）"输入框输入公司名称（如"China"），再单击"下一步（N）"，如图 5-7 所示。

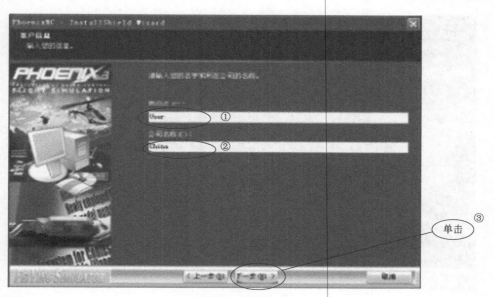

图 5-7　填写用户名

⑦ 先选择"安装类型"为"完全（C）"，此时按默认情况安装，软件的默认安装目录为"C：\Program Files\PhoenixRC"，单击"下一步（N）"，如图 5-8 所示。

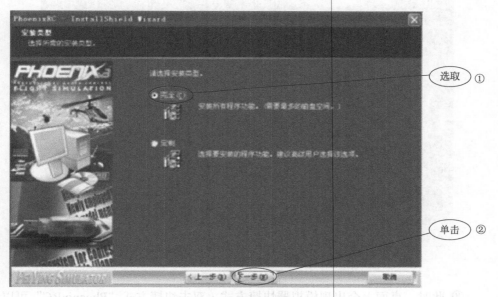

图 5-8　选择安装类型

⑧ 单击"安装"，开始进行安装，如图 5-9 所示。

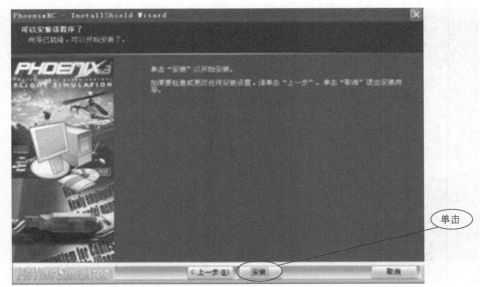

图 5-9　单击"安装"

⑨ 出现安装完成界面，单击"完成"，从而完成安装，如图 5-10 所示。

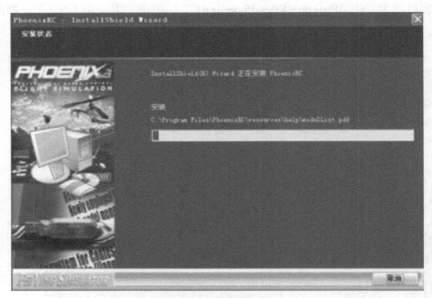

图 5-10　安装完成

⑩ 此时，桌面上会出现模拟器快捷方式（双击快捷方式"PhoenixRC"可以启动模拟器），如图 5-11 所示。

图 5-11　模拟器快捷方式

5.1.3　模拟软件的调试

（1）遥控器调试

① 将遥控器用连接线连接到加密狗上，再将加密狗连接到电脑的 USB 接口上，打开遥控器，启动 PhoenixRC。

② 点击上部菜单栏的"系统配置"以打开下拉菜单，再选择"配置新遥控器"，如图 5-12 所示。在"设置新遥控器"界面，单击"下一步"，如图 5-13 所示。

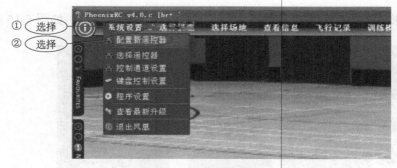

图 5-12　配置新遥控器

图 5-13　设置新遥控器

③ 校准遥控器，单击"下一步"，如图 5-14 所示。

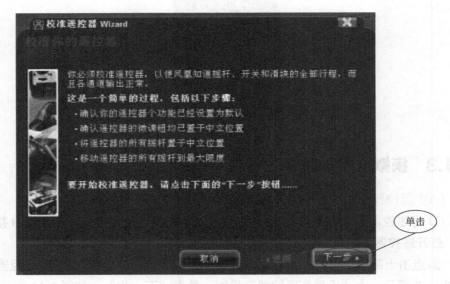

单击

图 5-14　校准遥控器

④ 将遥控器的所有摇杆放在中立位置，单击"下一步"，如图 5-15 所示。

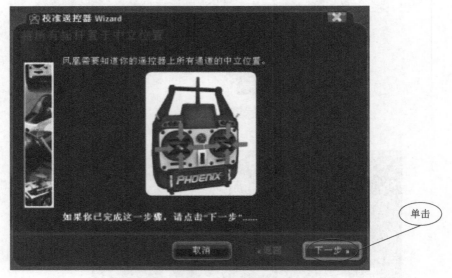

单击

图 5-15　摇杆置于中立位置（一）

⑤ 缓慢而完整地用各摇杆画圆，并确保摇杆触及了四角，再单击"下一步"，如图 5-16 所示。

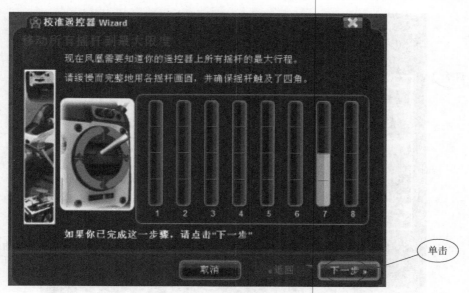

图 5-16　校准最大行程

⑥将所有摇杆置于中立位置，单击"下一步"，如图 5-17 所示。

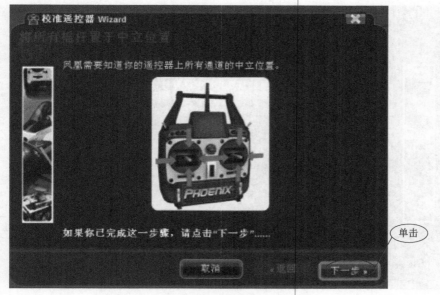

图 5-17　摇杆置于中立位置（二）

⑦先选择"My transmitter is not listed here"，再单击"下一步"，如图 5-18 所示。

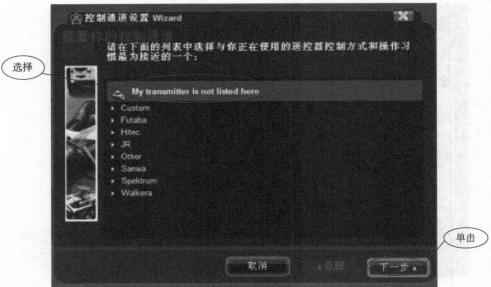

选择

单击

图 5-18　设置控制通道

⑧ 创建自定义配置文件，单击"下一步"，如图 5-19 所示。

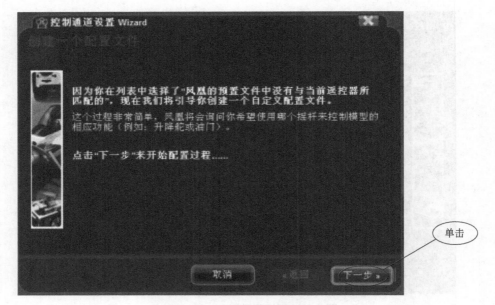

单击

图 5-19　创建自定义配置文件

⑨ 输入新配置文件的名称，选择"快速设置"，再单击"下一步"，如图 5-20
所示。

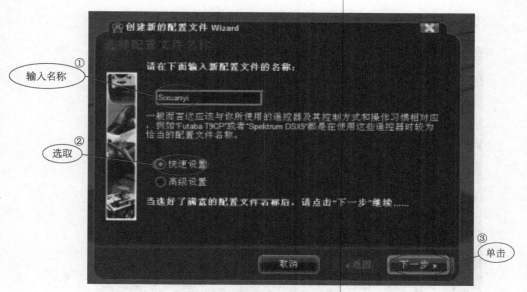

输入名称 ①

选取 ②

③ 单击

图 5-20　选择新配置文件名称

⑩ 将所有摇杆置于中立位置，确保所有二段开关处于关闭／正常位置，并将全部微调开关置于中间位置，然后单击"下一步"，如图 5-21 所示。

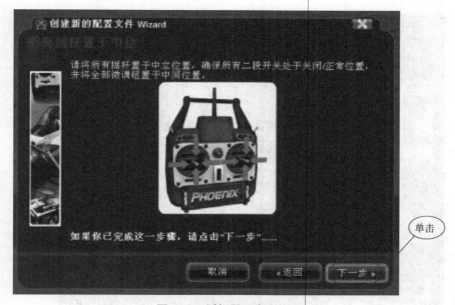

单击

图 5-21　摇杆置于中立位置

⑪ 设置油门通道，再单击"下一步"，如图 5-22 所示。

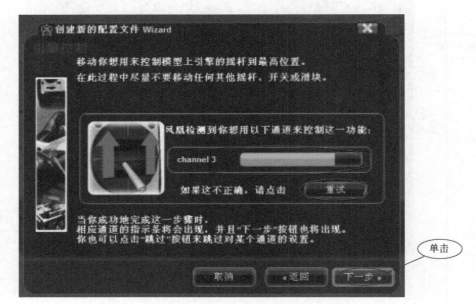

图 5-22　设置油门通道

⑫ 设置方向通道，再单击"下一步"，如图 5-23 所示。

图 5-23　设置方向通道

⑬ 设置升降通道，再单击"下一步"，如图 5-24 所示。

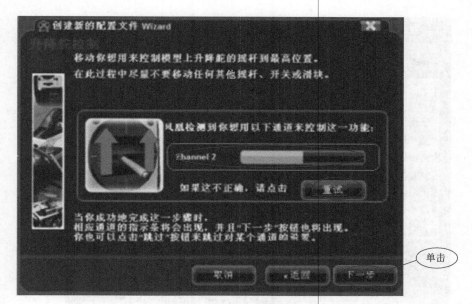

图 5-24　设置升降通道

⑭ 设置副翼通道，再单击"下一步"，如图 5-25 所示。

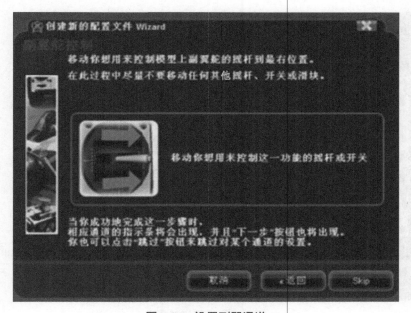

图 5-25　设置副翼通道

⑮ 设置起落架通道，再单击"下一步"，如图 5-26 所示。

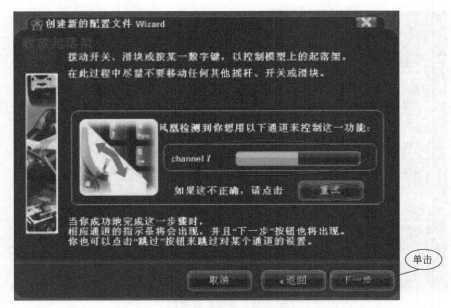

图 5-26　设置起落架通道

⑯ 设置襟翼通道，再单击"下一步"，如图 5-27 所示。

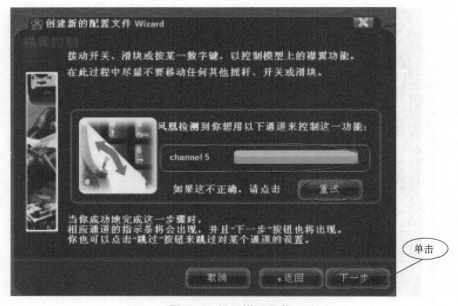

图 5-27　设置襟翼通道

⑰ 提示设置完毕，单击"完成"，如图 5-28 所示。

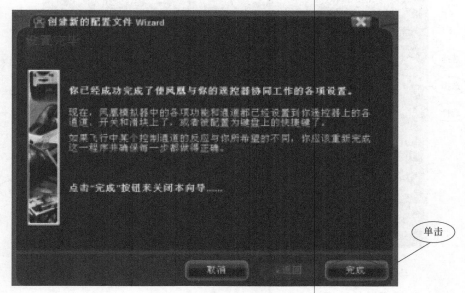

图 5-28　设置完成

（2）更换模型

① 点击上部菜单栏的"选择模型"以打开下拉菜单，再选择"更换模型"，如图 5-29 所示。

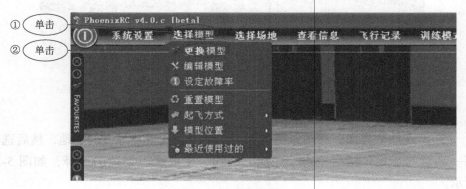

图 5-29　更换模型

② 出现如下界面，先选择"Others"打开下拉菜单，再选择"Quadcopter"打开下拉菜单，再选择"Gaui 330-X"，最后单击"完成"，完成模型的选择，如图 5-30 所示。

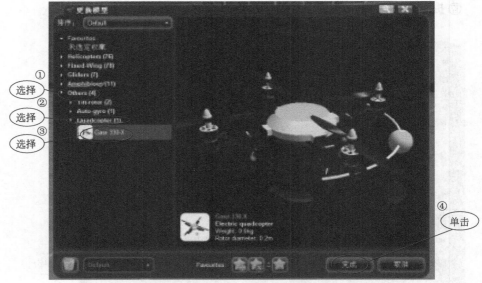

图 5-30　设置模型

（3）飞行场地的选择

①点击上部菜单栏的"选择场地"以打开下拉菜单，再选择"更换场地"，如图 5-31 所示。

图 5-31　更换场地

②出现如下界面，移动左侧的标尺，可以查找需要练习的场地，然后选择某一满意的场地，最后单击"完成"按钮，完成练习场地的选择，如图 5-32 所示。

（4）飞行控制台调试

SAILI 系列模拟器采用全新的设计，通过模拟器控制台软件，可以切换到指定的模拟软件接口模式，取代传统的硬件切换开关，避免使用一段时间后开关触点氧化导致的接触不良等问题，提高产品的可靠性。模拟器控制台软件的安装方法如下。

图 5-32　设置场地

① 在提供的模拟器软件中双击打开"autorun.exe"，其界面如图 5-33 所示。

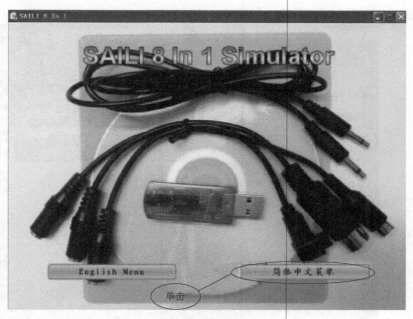

图 5-33　安装界面

② 出现如图 5-34 所示界面，单击"安装　模拟器控制台"。

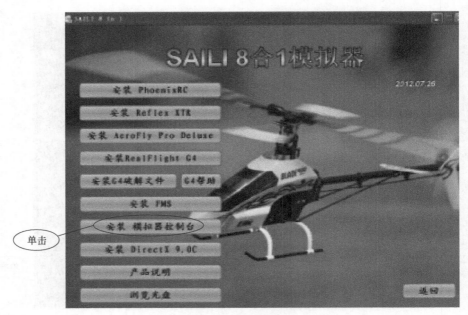

图 5-34　安装控制台

③ 安装成功后出现如下界面，单击"确定"即完成，如图 5-35 所示。

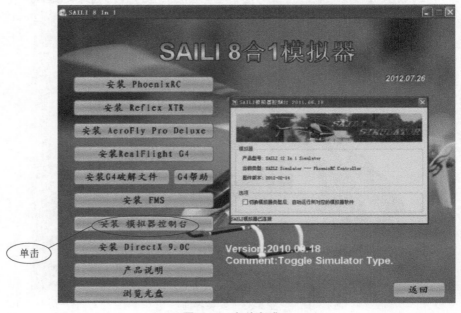

图 5-35　安装完成

④ 双击桌面上的"SAILI模拟器控制台2011版"启动软件,并在系统屏幕右下角托盘区建立图标,如图5-36所示。

图5-36 软件图标

⑤ 加密狗没有连接时,图标为红色,加密狗连接正常时,图标显示为正常状态。在系统托盘区的控制台图标上,单击鼠标右键显示图5-37所示的菜单。选择不同的模拟器接口,就可实现模拟器接口类型的切换,选项前面的"√"表示当前使用模拟器的类型。切换模拟器接口后,模拟器的LED灯会快速闪烁,表示加密狗正在切换过程中,切换完成后,LED灯恢复正常。

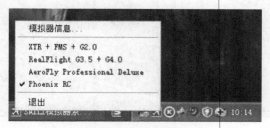

图5-37 连接模拟器

⑥ 点击"模拟器信息"时,出现控制台的主页面,如图5-38所示。

图5-38 控制台信息

⑦ 当在程序主界面中勾选"切换模拟器类型后，自动运行相应的软件"，在切换模拟器类型后"模拟器控制台 2011 版"将自动启动与加密狗接口类型相对应的模拟器软件。

5.2　固定翼无人机模拟飞行

5.2.1　模拟机型的选择

① 打开凤凰模拟器，点击"选择模型"下的"更换模型"，如图 5-39 所示。

图 5-39　更换模型

② 点击"Airplanes"选项，如图 5-40 所示。

图 5-40　Airplanes 界面

③ 点击 "Trainer" 选项，如图 5-41 所示。

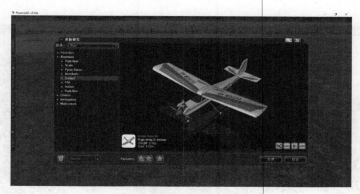

图 5-41　Trainer 界面

④ 选择 "Lrvine Tutor40" 练习机，如图 5-42 所示。

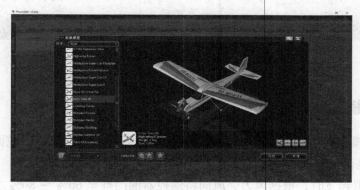

图 5-42　选择练习机

⑤ 点击完成，如图 5-43 所示。

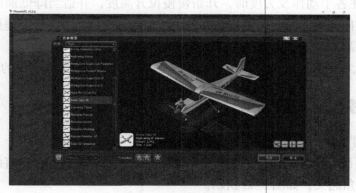

图 5-43　设置完成

⑥ 查看模型选择是否成功，如图 5-44 所示。

图 5-44　查看是否成功

5.2.2　模拟飞行的要求

① 在模拟器调试好后进行飞行前，拨动操纵杆，并观察各个舵面的活动，检查舵面是否正常、有无反舵现象。

② 模拟起飞时，根据风力、风向将遥控器油门推至 60% ～ 80% 之间。

③ 起飞后，熟悉拨动操纵杆，映射到飞机上的动作。熟悉飞机动作以及摇杆拨动力度。

④ 记住各个动作及力度时，开始慢慢拉升高度，并适当降低油门，利用方向舵进行转向（用升降辅助保持高度）。随着练习进行，慢慢提高速度，少用方向舵，熟悉副翼转向（保持高度）。

⑤ 加大模拟飞行距离，尽量熟悉在空中用飞行姿态判断飞机头的朝向。

5.2.3　模拟飞行的训练

（1）起飞

在地面滑跑阶段，如飞机偏离跑道应用方向舵及时修正，保持直线滑跑，以小于 45° 的角起飞，如图 5-45 所示。

模拟起飞状态及操控状态

图 5-45　起飞

（2）平稳飞行

直线飞行是所有飞行动作的基础，只有打好基础才可以控制好飞机，因此直线飞行练习是必不可少的，如图 5-46 所示。

平飞飞行状态及操控状态

图 5-46　平稳飞行

在平稳飞行中转弯技术也是非常关键的。转弯时用副翼控制飞机进行姿态改变，完成转弯动作，如图 5-47 所示。

（3）降落

降落是模拟练习初期最难掌握的操控技术，所以要多加练习，更要胆大心细。

图 5-47　左转弯

降落可以分为三个过程：

① 减速、降低高度。准备降落时，首先对正跑道，将油门收至怠速状态，低速滑翔，适当推杆或拉杆（依情况而定）以约 30° 角低速俯冲，随着高度不断降低，俯冲角度越来越小，飞行速度逐渐降低，如图 5-48 所示。

图 5-48　降低高度

② 平飞。当滑翔到距离地面约 1m 高度时，应适当拉杆并保持平飞状态，如图 5-49 所示。

图 5-49　平飞

③ 落地。当持续降低高度，机轮即将触地时，进一步加大升降舵拉杆量，使飞机保持抬头减速状态，使主轮先触地，前轮自然触地。借惯性在地面滑跑时，用方向舵控制滑跑方向，直至飞机完全停止，如图 5-50 所示。

图 5-50　落地

（4）航线

① 标准航线。这是练习航线的基本飞行路线，它的线路比较简单，适合初学者练习，如图 5-51 所示。

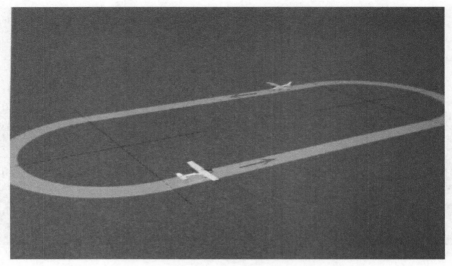

图 5-51　标准航线

　　② 矩形航线。练习这种航线不仅可以熟悉转弯飞行技术，还可以熟悉标准降落航线。矩形航线在每个转角要完成 90° 转弯，在转弯过程中，压舵和回舵要比水平转弯稍迅速，舵量也要比水平转弯稍大，如图 5-52 所示。

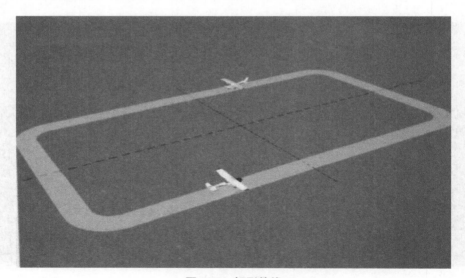

图 5-52　矩形航线

　　③ 8 字航线。此航线主要用于练习转弯技术。进入转弯时，需注意先打副翼舵，将飞机滚转到一定角度，然后打方向舵的同时轻拉升降舵；要注意等高度、等速度、等弧度，随时观察、修正飞行姿态，如图 5-53 所示。

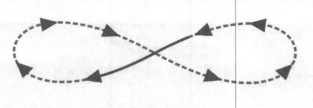

图 5-53　8 字航线

④ 变更航线。这种航线练习可以帮助操控者纠正偏离航线的模型，很有实际意义。练习时，操作应柔和，不要过于粗暴，避免出现剧烈倾斜或波动，如图 5-54 所示。

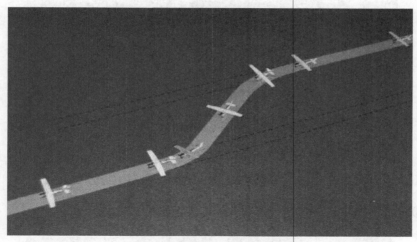

图 5-54　变更航线

5.3　多旋翼（直升机）模拟飞行

5.3.1　模拟机型的选择

① 打开凤凰模拟器，点击"选择模型"中的"更换模型"，如图 5-55 所示。

图 5-55　更换模型

② 点击 "Multi-rotors" 选项，如图 5-56 所示。

图 5-56　Multi-rotors 界面

③ 选择 "Blade 350-QX" 练习机，其界面如图 5-57 所示。

图 5-57　Blade 350-QX 界面

④ 点击"完成",如图 5-58 所示。

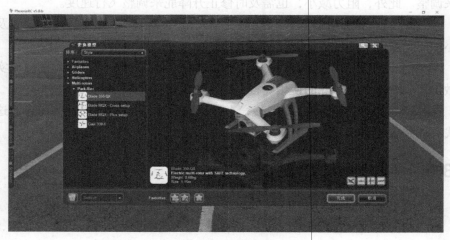

图 5-58   更换完成

⑤ 查看模型是否选择成功,如图 5-59 所示。

图 5-59   查看是否成功

5.3.2   模拟飞行的要求

① 飞行器在上升和下降阶段由于受气流的影响,如果不操纵副翼和升降舵,只是单一地加减油门的话,这个上升和下降的轨迹就不会是垂直的,所以需要及时修正飞行器姿态。

② 由于风的影响，前进时升力会减小，飞行器有掉高的趋势，需及时加减油门来调整。此外，阻力减小，也需及时修正升降舵来调整飞行速度。

③ 急停时有拉升降舵动作，且幅度较大，故飞行器有升高的迹象，需及时减小油门来控制住高度，所以油门和升降舵的配合至关重要。

④ 副翼使用可能会受风的影响，不会是始终如一的舵量，需要根据现实情况做出及时调整。升降舵的使用要根据飞行速度来确定舵量的大小。

⑤ 视觉差会引起整条航线偏移，上升下降段由于要修正位置，易造成这段航线有停顿现象。

5.3.3　模拟飞行的训练

（1）起飞与降落

起飞与降落是飞行过程中首要的练习方式，至关重要；降落较起飞而言，更难、更复杂，需多练习方可掌握。

① 起飞练习。起飞时，要缓慢推动油门，垂直起飞，这样可以防止由于油门过大而不好控制多旋翼无人机。在起飞后，不能保持油门不变，当飞行器达到一定高度（一般离地 1m）后开始降低油门，不断调整油门大小，保持多旋翼无人机高度稳定，如图 5-60 所示。

图 5-60　起飞

② 降落练习。降落时先降低油门，使无人机缓慢靠近地面；离地约 5 ～ 10cm 时稍微推动油门，降低速度；然后再次将油门收到最低，直至多旋翼无人机接触地面。如图 5-61 所示。

图 5-61　降落

（2）升降练习

进行升降练习不仅可以练习对油门的控制，还能练习稳定飞行。

① 上升练习。练习多旋翼无人机上升操作时，螺旋桨转速增加；缓慢推动油门，飞行器上升；在上升到一定高度时，停止推动油门；这时无人机依然在上升，要想停止上升，必须匀速降低油门，直到停止上升；然后无人机又开始下降，这时需要推动油门使飞行器保持高度，如此重复，便可保持稳定，如图 5-62 所示。

图 5-62　上升

② 下降练习。下降过程同上升刚好相反，螺旋桨转速降低。当飞行器稳定悬停并到达足够高度时开始下降，缓慢拉油门；当有明显下降时，停止拉油门，这时多旋翼无人机还会继续下降（切忌飞行器过于接近地面）；到达一定高度时推油门，直到其停止下降，如图 5-63 所示。这时会出现与上升操作时类似的情

况，经过反复操作，即可稳定。

图 5-63　下降

（3）俯仰操作

俯仰操作是使多旋翼无人机前行和后退的操作。

① 俯冲练习。飞行达到一定高度，开始俯冲；轻推摇杆，多旋翼无人机就会俯冲向前飞行（在推摇杆时，幅度不能过大）；只要开始前行即可停止推动，保持摇杆当前位置，让飞行器继续向前飞行，如图 5-64 所示。

图 5-64　俯冲

② 上仰练习。上仰操作与俯冲操作相似，只不过要将摇杆向后拉动；在拉动过程中，多旋翼无人机会向后退行。缓慢拉摇杆，当多旋翼无人机开始退行时停止拉摇杆，这时多旋翼无人机会继续退行；当退行一定距离后，缓慢推动摇杆，合适时停止推动，使多旋翼无人机停止退行，如图 5-65 所示。

图 5-65　上仰

（4）偏航

偏航用于多旋翼无人机改变航向的练习。在练习中，可以左偏航和右偏航来回交替练习，这样效果会更好。

以左偏航为例：左偏航练习是在飞行器前行时，使其向左偏转的操作。在左偏航时，摇杆向左侧摇摆，之后无人机的机头开始转向，如图 5-66 所示。

图 5-66　左偏航

（5）转弯

以左转弯为例：此操作需要使用俯仰操作来配合。首先进行俯仰操作让飞行器前行，然后缓慢将副翼方向舵向左打，保持大约 2 ～ 4s 即可回中，方向摇杆全部回中。

（6）侧飞

侧飞练习时要注意场地选择，保证飞行范围内没有任何障碍物。

① 左侧练习。将副翼杆轻微向左侧拨动，此时，无人机开始倾斜并向左侧飞行，如图 5-67 所示；飞出一定距离之后，将副翼杆回中。

图 5-67　左侧练习

② 右侧练习。右侧练习与左侧练习类似：将副翼杆轻微向右侧拨动，此时，无人机开始倾斜并向右侧飞行，如图 5-68 所法；飞出一定距离之后，将副翼杆回中，停止飞行。

图 5-68　右侧练习

（7）悬停练习

悬停（如图 5-69 所示）在操控练习中比较基本却又较为复杂。悬停需要达到的要求有：保持飞行高度不变；保持飞行器在飞行时不左右摇摆；保持悬停过程中不出现前进后退现象。

图 5-69　悬停

悬停操作需要多加练习，其操作步骤很简单：当飞行器达到一定高度时保持其飞行高度，并保持不偏移。

（8）直线飞行

直线飞行，其操控相对简单，只需保证飞行器沿着直线飞行，如图 5-70 所示。需要注意的是，俯仰摇杆上推或下拉的幅度不宜过大，否则四旋翼无人机会有下降趋势，直接冲向地面；在操控时要注意安全。

图 5-70　直线飞行

第**6**章

无人机的训练飞行

6.1 固定翼无人机的训练

6.1.1 飞行前的检查

固定翼无人机飞行前的检查，基本分为：机载电池电量的检查；机械及其电子硬件设备的检查；发射机及接收机的检查；引擎及油路检查；伺服机及舵面检查；中心检查；电台通信的检查；任务设备的检查；飞控系统的检查；各插接件的连接检查。

6.1.2 飞行训练

在飞行训练中，起飞与降落是飞行过程中首要的操作，虽然简单但也不能忽视其重要性。

① 起飞正确动作。平稳滑跑不短于 4.5m 的距离，但不超过 1/4 圈。然后平稳地逐渐上升，并在开始滑跑点上方柔和地进入正常平飞高度。固定翼无人机在正常平飞高度继续飞行 2 圈，至原来改平飞点为止。如图 6-1 所示。

② 降落正确动作。固定翼无人机从正常平飞高度柔和地下降着陆，没有反跳或不正常的粗暴动作。从着地点起 1 圈内即应停止。着地点与模型从水平飞行

开始下降的点相隔 1 圈，如图 6-2 所示。用主机轮着陆或三点着陆。

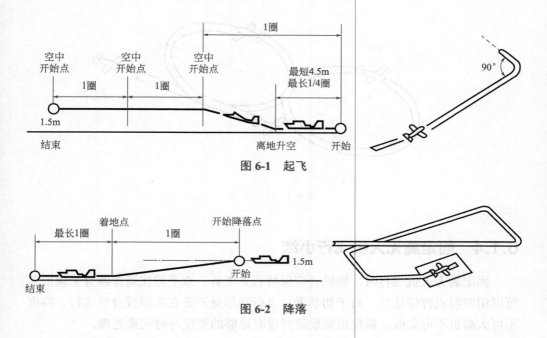

图 6-1　起飞

图 6-2　降落

6.1.3　飞行航线

（1）矩形航线

正确动作：飞机从左/右至右/左保持水平直线飞行，高度保持一致进行 90° 转弯，呈矩形飞行，如图 6-3 所示。直线段平行于跑道，整个动作高度不变。

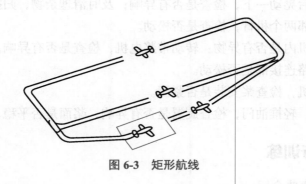

图 6-3　矩形航线

（2）水平8字

正确动作：水平直线进入 1/4 水平圆，接水平圆一周，一周后进入后 3/4 圆，水平直线改出。两个圆的直径相同，整个动作的高度不变。如图 6-4 所示。

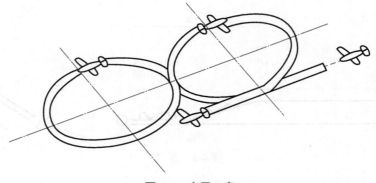

图 6-4　水平 8 字

6.1.4　固定翼无人机飞行小结

固定翼无人机飞行时，操纵者应保持直立姿势，双手握住遥控器置于腹前并可以用发射机背带挂住。对于初学者，飞行器尽量不要在头顶或身后飞行，高度不可太高也不可太低，避免出现危险时没有足够的高度与时间来处理。

6.2　多旋翼无人机的训练

6.2.1　飞行前的检查

① 组装好后晃动一下，检查是否有异响；及时清理杂物，归拢线路。

② 握住相邻两个机臂，检查是否松动。

③ 检查电机内是否有异物：转动带桨电机，检查是否有异响。

④ 检查线路连接部是否松动。

⑤ 握住电机，检查桨安装是否紧固。

⑥ 通电后，轻推油门，检查旋翼是否有异响，桨面是否平稳。

6.2.2　飞行训练

（1）飞行模式介绍

① GPS 模式。GPS 模式也叫定位模式，指飞机利用卫星信号，使用 GPS 模块来实现定点，从而自动修正偏移，实现精准悬停或飞行。

② 姿态模式。即不用 GPS 的模式。飞机不能定点悬停，不能自动修正偏移，能在一定程度上定高，飞控只是保证飞机的平衡。

（2）四位悬停练习

飞机在空中保持高度，机头或机尾分别朝向东南西北四个方向定点按矩形航线飞行。在矩形的每个点悬停，不飘不移。具体操作方法如图 6-5 所示。

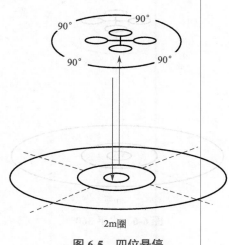

2m圈

图 6-5　四位悬停

① 保持飞行器的机尾对着自己，控制飞行器在一个矩形的航线上顺时针飞行，在矩形的每个点上稍作悬停，再飞到下一个点。

② 保持飞行器的机尾对着自己，控制飞行器在一个矩形的航线上逆时针飞行，在矩形的每个点上稍作悬停，再飞到下一个点。

③ 保持飞行器的机尾对着自己左侧，控制飞行器在一个矩形的航线上顺时针飞行，在矩形的每个点上稍作悬停，再飞到下一个点。

④ 保持飞行器的机尾对着自己右侧，控制飞行器在一个矩形的航线上逆时针飞行，在矩形的每个点上稍作悬停，再飞到下一个点。

⑤ 保持飞行器的机头对着自己，控制飞行器在一个矩形的航线上顺时针飞行，在矩形的每个点上稍作悬停，再飞到下一个点。

⑥ 保持飞行器的机头对着自己，控制飞行器在一个矩形的航线上逆时针飞行，在矩形的每个点上稍作悬停，再飞到下一个点。

（3）水平360°练习

① 飞行器空中保持高度定点悬停，飞行器原地自转一圈，具体操作方法如图 6-6 所示。

② 飞行器升空后悬停，保持飞行器的机尾对着自己，控制飞行器原地顺时针旋转360°。

③ 飞行器升空后悬停，保持飞行器的机尾对着自己，控制飞行器逆时针原地旋转360°。

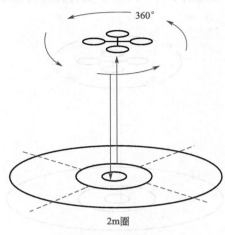

图6-6 水平360°

（4）水平8字飞行训练

飞机在空中保持高度，悬停定点，机头以此点为中心顺时针或逆时针，平行于地面飞行，飞行轨迹为"8"字形。具体操作方法如图6-7所示。

飞行器升空后飞到自己的正前方。飞行器悬停，保持飞行器机头一直指向飞行器飞行的前方，控制飞行器在一个圆形的航线上逆时针飞行，经过圆形出发点后逆时针做圆形航线飞行，回到两个圆形的交汇点悬停，完成8字飞行。

要求：飞行过程中注意使飞行器高度不变，并尽量保持航线是圆形的。飞行中速度要慢，以便能及时修正机头方向。

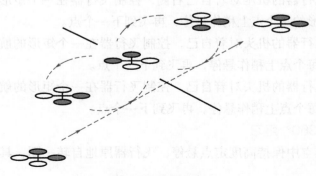

图6-7 水平8字

6.2.3 飞行航线

（1）小航线飞行

无人机升空后，使用方向舵进行转弯，尽量少用副翼转弯，顺时针/逆时针完成一个闭合运动场型航线。小航线飞行是四位悬停过关后首先应进行的科目，这是所有航线飞行的基础。

小航线飞行动作标准是，直线飞行时保持航线笔直，转弯飞行时保持左右转弯半径一致。在整个航线飞行过程中应尽量保持速度一致、高度一致，4级风内做到上述标准。

（2）8字小航线飞行

无人机升空后，使用方向舵进行转弯，尽量少用副翼转弯，在水平方向上顺时针/逆时针完成一个8字小航线。8字小航线飞行能帮助操控手进一步熟悉航线飞行的空中方位和手感，对于一个全面的飞手来说至关重要。

标准的8字小航线飞行：左右圈飞行半径一致，"8"字交叉点在操控手正前方，整个航线飞行中飞行高度一致、速度一致。

（3）8字大航线飞行

无人机升空后，以较快速度飞行，在水平方向上完成一个8字大航线。8字大航线飞行是使航线飞行进一步熟练的阶梯，用以培养飞手在任意方向上对航线飞行的操控能力。在大航线飞行过关后，8字大航线飞行可实现在一个航线内同时练习到顺时针和逆时针转向，能够在较大程度上提升飞手的航线飞行熟练程度。

8字大航线飞行的诀窍是，一定要先飞熟练顺/逆时针的大航线，然后控制飞行速度并保持安全高度。待几圈飞行尝试后，再逐渐降低高度和提升前行速度。如对飞行技术有所追求，在日常飞行中也应注重对动作质量的把握。尽量维持8字航线的速度一致、高度一致、左右转弯半径一致、转弯坡度一致，并将"3"字交叉点放在飞手的正前方。

6.2.4 多旋翼无人机飞行小结

飞行前要检查多旋翼无人机的机械与电子部件有无损坏；起飞时要垂直起飞，保持好油门，不要忽高忽低；悬停练习时需要操控者不断地进行修舵，保持飞行姿态平稳；当飞行中或降落时如遇到突发状况，紧急采取措施，例如将飞行器高度升高，争取补救时间，或者快收油门。一定要保持良好心态，切勿因自己的慌张而造成人身或财产的损失。

6.3 任务规划及航线规划

6.3.1 任务规划

任务规划（mission planning，MP），其本意是对任务进行规划及对工作运作过程、方法的组织和计划。这里的"任务"可以指无人机的任何工作。

（1）无人机任务规划的内容

无人机任务规划即根据无人机所要完成的任务、无人机数量及任务载荷的不同，对无人机完成具体工作任务的预先设定与统筹管理。

① 航线规划。规划无人机从起始点到目标点的航线，并对规划出的航路进行检验。

② 任务载荷规划。根据工作任务信息，合理配置无人机载荷设备，确定载荷设备的工作模式。

③ 数据链路规划。根据频率管控要求及环境磁场特点，制定不同飞行阶段测控链路的使用策略规划。

④ 应急处置规划。规划出任务执行过程中的突发情况处置方案，针对性规划应急航线、返航航线及链路问题应急处置等内容。

⑤ 任务演练与评估。在任务规划完成以后，以任务演练的方式完成对无人机工作效果的预估和判断，并反馈回来进行指导决策，形成最终的规划计划。对任务规划进行推演，能对拟定完成的工作计划进行正确分析，计算达成工作目的的程度，从而辅助工作人员决策。

（2）无人机任务规划的特点

① 任务规划输出信息内容的准确性、完整性、一致性要求高。无人机起飞、飞往任务区域、执行任务、返航等环节，虽然可实现自主性，但都是按照任务规划信息的指引完成的，对任务规划数据具有绝对的依赖性，因此任务规划信息的准确性、完整性和一致性对无人机的任务效果及飞行安全将产生直接影响。

② 无人机任务规划系统应具备快速的重新规划能力。在无人机执行任务过程中，由于突发紧急情况的未知性，很多情况下飞行前预先规划的航线和任务模式将不得不进行改动，以确保无人机的安全和任务的完成程度。因此，要求无人机任务规划系统具有快速的重新规划能力。

③ 无人机任务规划的制作人员要具备良好的技术素养。任务规划是无人机工作的载体，制作任务规划的过程就是将操作员的技术素养、工作方法给予无人

机的过程。任务规划场景如图 6-8 所示。

图 6-8　任务规划场景

6.3.2　航线规划

20 世纪 80 年代以来，在计算机技术、信息技术、人工智能技术等的驱动下，航线规划技术得到了迅速发展，成为任务规划中的核心引擎。航线规划"引擎"的强大决定着任务规划系统的先进性。

无人机航线规划是在指定的规划区域内，寻找无人机从起始位置到达目标位置且满足一定约束条件和性能指标的最优或可行航路。首先，所规划的航线一定要满足无人机的性能要求，即航线规划必须考虑平台机动性能的限制，确保规划航线的可实现性；其次，规划出的航线必须要有良好的安全性。

（1）航线规划的形式化

为了能顺利完成任务，航线规划的主要目的是建立可飞的空间路径，使飞行器能从一个区域位置到另一个区域位置，通畅地运动或飞行。一般来说，飞行器在到达终点之前必然会经过一些中间位置，并可能存在多条不同的连续路径。

（2）航线规划约束条件

基于自身的物理限制、工作环境的约束以及其他工作使用需求，无人机在飞行过程中需要满足一定的基本约束条件。

① 最大航线总长度。它限制了所规划航线的总长度必须小于或等于一个预先设置的最大距离。

② 最大电耗、油耗。由于无人机起飞前的电量或储备的燃料是固定的，为了保证飞行器完成任务后能够有足够的电量或油量返航，无人机起飞前应检查电量或油量是否能够返航。

第 6 章　无人机的训练飞行　139

③ 最大 / 最小飞行高度。它限制了无人机执行任务的飞行高度，执行不同任务的航线可以采用不同的约束范围。

④ 最大 / 最小飞行速度。通常在某段飞行航线上无人机的速度只能约束在某个有限区间内，它取决于飞行器的动力系统，也与环境、空间位置及任务有关。

⑤ 最大爬升 / 下滑角。该约束由飞行器的机动性能决定，它限制了所规划的航线在垂直方向上爬升或下滑的最大角度。

⑥ 最大转弯角。它限制了无人机从某段航线飞行到另一段航线时航向角的变化范围，以避免无人机迂回行进和频繁转弯。该约束条件一般取决于飞行器的机动性能和飞行任务特点。

⑦ 最小航线路程。它限定了航线规划时各航线点之间应保持的最短距离，反映了无人机在开始改变飞行姿态前必须保持直飞的最短距离。

⑧ 其他约束。对于某些情况，可能存在其他一些约束条件。

第 **7** 章

无人机的安全维护

7.1　固定翼无人机的日常维护

7.1.1　动力系统的维护

（1）发动机的清洗

清洗发动机一般用煤油和汽油，必要时还要用工业乙醇、丙酮和香蕉水等溶剂。常用的清洗方法有以下几种：

① 冲洗。

② 运转清洗。

③ 灌洗。

④ 浸洗。

⑤ 解体清洗 。

（2）发动机的保养

定期保养是合理使用发动机的重要项目。为使发动机能保持良好的技术状态，长期可靠地提供服务，应按规范进行保养。

发动机技术保养分类如下：

① 检查底壳内部的机油油面高度，不足时应加至规定刻度线。

② 检查冷却液量，不足时应加满。

③ 检查发动机连接的稳固情况及附属装置的紧固情况。

④ 检查发动机所有燃油管路及润滑油管路的紧固情况。

⑤ 保持发动机的清洁，做必要的擦洗。

⑥ 排除所发现的故障及不正常现象。

（3）发动机的维护

① 发动机上所有螺钉应该涂上高强度螺钉胶以避免螺钉回松。

② 发动机与飞机机身间应该有良好的减振措施。

③ 组装时应该用塑料套住化油器以防尘。

④ 安装发动机前应用塑料把化油器套住以防尘。

⑤ 紧固舵机与飞机机身的木质螺钉孔也需要打胶。因为汽油发动机振动较大，并且会带动发动机及舵面产生大的共振，几个起落后就容易把紧固舵机的螺钉振松甚至脱落，造成事故。因此在机身舵机架上打好孔后，先用 502 胶水滴入木孔内，接着再把舵机装到机身上比较好。

（4）发动机供油的油箱油管

① 油箱油管是发动机供油的生命线，漏气和吸不到油都会造成工作时停机，从而导致迫降损机，甚至低空飞行时摔机。机身或油箱倒置、摔机等情况，都会造成油箱内油管向前弯折，而油箱壁厚不易发现。特别是飞机起飞前，将飞机倒置，测试在各种姿态下发动机的工作状态，务必进行此项检查。

② 供油管与油箱连接处应该束紧。汽油管的弹性远不如甲醇机用的硅胶管，加上强烈的振动，特别是使用时间较长后油管会硬化。这会让供油管与油管金属管接头处产生缝隙，吸入空气，导致发动机熄火，飞机坠毁。供油管与油管金属管接头处很松，应该用细铁丝或扎带束紧，防止油管漏气现象发生。

③ 油箱与飞机机身的减振措施：油箱与机身、扎带接触的地方，应垫上高弹泡沫。单缸汽油发动机较大的振动及机身的高频抖动，让油箱内的燃油充满了气泡。特别是高速运转时，整个油箱的燃油呈沸腾状，让化油器的供油管内产生气泡，这不仅严重影响发动机的动力输出，而且让发动机贫油、受损甚至拉缸。垫上高弹泡沫后，发动机全油高速运转，油箱内的燃油变得非常"平静"。

（5）螺旋桨的安装

① 螺旋桨需要安全安装。应该按发动机厂家的要求安装螺旋桨，主轴螺钉应适当涂抹螺钉胶以避免难以拆卸。

② 桨安装角度。当输出轴旋转到点火时刻时，桨停留在 12 ～ 1 点钟方向。这样安装有两个好处：一是手拨桨时易点火；二是熄火后桨基本停在 3 点钟左右

的水平方向，不易刮到地面而损坏。

（6）汽油发动机磨合、调试、使用和维护技巧

规范良好的磨合是汽油发动机稳定强劲工作的前提。一般新的汽油发动机出厂时 L（低速）及 H（高速）油针均在略为富油的状态，可以直接启动和磨合。

磨合的时间：不同的厂家的发动机出厂后，需要的磨合时间从几十分钟到十几个小时，差别较大。国内多数发动机需要磨合八至十个小时，而以向发达国家出口为主的 DLE 发动机，由于采用了质量优异的材料及高精度的加工工艺，发动机仅需磨合两箱油，约四五十分钟。

汽油发动机磨合转速及时间安排：开始约 5% 的时间在低速（怠速）磨合，让汽缸与活塞适应性匹配工作；中间约 80% 的时间在 3000 ～ 4000r/min 的中速磨合，此时积炭很少，并且是使用量最多的转速；最后约 15% 的时间在最高速磨合。

采用这样的方法磨合出来的发动机缸内清洁光亮，工作稳定、马力强劲。在磨合或测试发动机时，必须有很好的减振装置，否则可能导致发动机部分零件的损坏；大排量发动机如 50mL 以上最好安装在飞机上进行磨合，如图 7-1 所示。

图 7-1　正在磨合的无人机

安装牢靠、磨合调试良好的发动机，不论是在高海拔地区，还是在遥远的非洲，都能微调后正常工作，顺利完成无人机飞行任务。

7.1.2　传动系统的维护

发射机、接收机、伺服机，整套遥控系统是控制飞行器姿态变化的重要组成

结构，其中伺服机又称为舵机，受接收机指挥，通过舵机臂与连杆的运动，使副翼、水平尾翼、垂直尾翼的翼面发生变化，从而达到对左右倾斜、升降、左右转向的控制。

（1）电池的维护

监测电池电量，长期不使用的电池，要保持存储电量，并定期测电、充放电；电池出现膨胀、发烫、爆裂、腐蚀等现象，要及时妥善处理并更换新电池。无人机操作常用到的电池种类一般包括：Ni-Cd（镍镉）、Ni-MH（镍氢）、锂聚合物、铅酸电池。因此选择的充电器应满足不同类型的充电功能，避免错误充电引起短路、发热甚至火灾。

（2）伺服机的维护

伺服机内部由齿轮组、轴承、微小电路板组成，存放时应避免阴暗潮湿、阳光暴晒，选择温度适宜、干燥的地点存放，使用过程中避免进水、私拆或随意增加润滑油；外部舵机臂随在机体不同的安装位置应选择合适的形状，避免过松或过紧安装，保持表面清洁无油垢。

（3）连杆的维护

连杆要随伺服机拉力选择适当的材料；安装位置要能保证运动范围内无阻碍物；连接头的塑料材质检查无裂痕、腐蚀等现象即可。

7.2 多旋翼无人机的日常维护

7.2.1 植保类无人机的日常维护

植保类无人机（简称植保机）飞行作业过程中，任何部件的微小变动都可能影响到飞行安全，日常使用、运输和存放也应注重植保机的维护和保养。植保机的养护工作分为：每次作业后的养护、定期周检、定期月检。由于植保机属于专业农用器械，带有季节性作业性质，妥善的维护和保养能有效保障植保机的工作性能，因此长时间存放之前应进行一次全面的养护。

（1）螺旋桨

① 断裂以及细微裂痕：直接观察到桨叶上有明显断裂以及裂痕，或遇水后才容易观察到裂痕时，都应该进行桨叶替换。

② 桨叶磨损过多造成桨叶无法夹紧，导致螺旋桨垂直方向上的晃动，或安装孔过大，导致螺旋桨水平方向的晃动时，应进行桨叶替换。

③ 每工作 100h 更换螺旋桨及其垫片，并注意区分正反螺旋桨。

（2）电机

① 每次使用后需清理电机转子表面附着物。

② 结束作业后勿用水冲洗，可用布进行擦拭。

③ 由经培训的专业人员每个月检查一次电机的动平衡性能。

④ 作业 200h 建议更换电机。

（3）喷洒系统

① 作业箱。作业后、存放前应该用清水清洗作业箱内外；处于存放或运输状态时作业箱内不能装有药液；注意定期清洗或者更换作业箱底部过滤网。

② 软管、喷头。长期在恶劣环境下使用软管会导致接口处老化、松弛脱落；每次使用后都要进行喷头内的过滤网清洗或者更换。

③ 压力泵。作业箱无药时勿长时间空转；压力泵进液口必须配有过滤网；长期存放前必须用清水清洗后放置；使用前检查压力泵电源线插头是否牢固。

（4）动力电池

① 使用。电池使用前请务必确认电池组电压；使用过程中要注意电池温度；避免过度放电，单片电池电压不低于 3.7V。

② 保存。电池长期不使用时，保持电压 3.85V 左右存放；每一个月对电池进行一次完整的充放电；存放环境保持干燥，温度在 0 ～ 40℃。

（5）供电与控制线路

① 接头。指南针、断电续航、雷达模块接头较为精密；接头接触不良可能导致炸机。

② 线缆。检查：导线绝缘层是否老化、破裂；供电线路焊点是否腐蚀、不牢固；接收机天线是否正确放置。

（6）整机维护与保养

① 环境温度变化大，须重新锁紧电机座固定螺钉。

② 脚架固定螺钉、作业箱固定件锁紧螺钉等。

③ 飞行器应保存在 -10 ～ 40℃ 且干燥的环境中。

④ 每次使用后都应该用湿布清洗飞行器。

⑤ 勿从低温室外直接进入高温室内。

⑥ 非作业时避免阳光直射飞行器。

⑦ 发现生锈螺钉应立即更换。

⑧ 定期检查机臂折叠处线缆套网是否磨破。

⑨ 运输、存放过程中保证作业箱空载。

⑩ 运输后（运输过程振动大）检查上下壳配合度。

7.2.2　航拍类无人机的日常维护

机械设备在长时间的使用后会不可避免地出现磨损，无人机也不例外。为了保证飞行安全，使飞行器持续工作在最佳状态，下面提供一些无人机各模块检查和保养建议。

（1）日常检查

① 螺旋桨。如图 7-2 所示，检查桨叶外观是否有弯折、破损、裂缝等。如有出现此类问题的螺旋桨，请立即用新的螺旋桨替换。

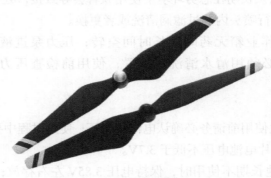

图 7-2　螺旋桨

② 电机。如图 7-3 所示，检查电机轴承是否有磨损、振动，电机外壳是否变形，固定的螺钉是否稳固。如果发现问题，请及时联系售后进行处理。

图 7-3　电机

③ IMU。为保证飞行安全，IMU 单元（如图 7-4 所示）平时也需要检查，必要时应该校准。其校准操作步骤如下：首先一定要将飞机放在水平面上，然后开启飞机和遥控器，遥控器连接移动设备之后，打开飞控参数设置—高级设置—传感器状态—校准传感器。

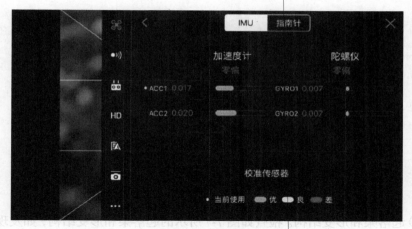

图 7-4　IMU 校准

④ 遥控器。应该注意检查如图 7-5 所示遥控器的天线是否有损坏,遥控器的挂带是否牢固以及跟航拍器的连接是否正常。

图 7-5　遥控器

⑤ 云台相机。除了使用的时候把云台保护罩取下来,其余时候都请务必把云台保护罩扣上。在连续使用无人机后,观察上电时云台自检过程是否流畅正常。注意不要用手直接触摸相机镜片,被污损后可用镜头清洁剂清洗。

⑥ 减振球。外出航拍飞行时,若发现视频图像不稳定,此时并不一定是云台出了问题。首先,应该检查连接云台与飞行器的减振板上的减振球。当拍摄视频出现果冻现象时,大概率是减振球过硬或破损。一旦发现减振球破损,应马上更换,以免航拍影片画面产生扭曲或波动。

⑦ 视觉定位系统。主要检查镜头是否有污损或者异物,有的话可用吹风枪等气吹器材及时清理。下视视觉传感器如图 7-6 所示。

图 7-6　下视视觉传感器

⑧ 起落架和形变结构。检查如图 7-7 所示的起落架和形变结构，如发现污染、异物，需要及时清理，组件若有损坏应及时返修。

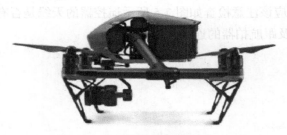

图 7-7　起落架和形变结构

⑨ 机身。检查飞机机身（如图 7-8 所示）的螺钉是否出现松动，飞机机臂是否出现裂痕、破损，如有裂痕，尽量寄回检测维修。

图 7-8　机身

⑩ 电池。先观察电池（如图 7-9 所示）外壳是否有破损或者变形鼓胀，若电池受损严重，应停止电池的使用，且立刻对其进行报废处理，不要拆解电池。然后查看电池电源连接器内部的金属片破损情况，如果金属片表面烧损比较严重，建议更换电池。

图7-9 电池

（2）无人机存放注意事项

① 防水。遇到潮湿天气，飞行后应断电擦干无人机，保持机身干净。最好风干一阵子或放到防潮箱吸潮，确定湿气除净后再使用。

② 防尘。除雨水外，沙尘对无人机，尤其是对电机等设备的影响也非常大。应尽量避免从沙土或碎石地面起飞。多尘环境下飞行，使用后应及时清理。

③ 远离磁性物体。无人机处于强磁场会造成指南针异常，当长时间不使用无人机时，应将其远离强磁场保存，否则会造成不可逆转的偏移等，导致再次使用时无法正常起飞。

（3）运输注意事项

① 无人机运输时，注意外包装的抗压能力。针对托运时的碰撞颠簸和其他货品的挤压，建议托运时使用航空箱来打包。

② 机身和电池分离放置。机身和电池最好要拆分开，根据中国民航的规定，电池是不可托运的，需要随身携带，但是由于配套遥控器是内置电池，所以可以和飞行器一起托运。具体情况视各国家、地区的法律法规及航空公司的规定而定。

7.2.3 测绘类无人机的日常维护

（1）机体的检查维护

① 防打火头连电、电机连接座损坏或断裂、电机短路。

② 机身连接螺钉、插口等位置的检修。

③ 起落架或降落伞等设备的检修。

（2）载荷的检查维护

① GNSS模块、云台应远离磁性物体，避免不可逆转的偏移。

② 图传、数传模块及电台的检修。

③ 拍摄传感器的检修。

第8章

飞行的气象条件及环境

8.1 飞行常见的气象条件及环境

8.1.1 常见的气象条件

（1）温度

冷热环境都会对无人机中的各种部件造成不良影响，导致飞行性能下降。

（2）降水

无人机在雨、雨夹雪或雪中不能很好地保持飞行。

（3）雾

雾没有降水的关注度高，但它同样重要。

（4）湿度

空气中存在的水蒸气量，表示为在相同温度下饱和所需量的百分比。如果湿度接近1，则意味着即使没有下雨，你的无人机也可能会湿。

（5）风

较高的风速使无人机难以保持定位，导致飞行时间短、操控难度增加。

8.1.2 常见的飞行环境

① 一般选择无风或微风环境飞行。在风力较大的情况下，根据无人机自身

的抗风性来决定是否飞行。

②雷雨天气禁止飞行。电动无人机没有防水功能，不要飞进水气很大的雾或云中，云雾中的水滴会使电动无人机发生漏电、短路等问题，同时无线发射和接收装置也可能导致雷击等事故发生。

③在信号发射塔、高层建筑等附近谨慎飞行。因为它们会严重干扰无人机的遥控信号，使飞行器突然失去控制和视频信号。

④同空域、同频率，不得同时飞行。应尽量选择空旷的飞行场地，并在履行飞行空域申报手续后，执行飞行任务。

8.2 恶劣条件下飞行注意事项

对飞行影响较大的天气现象有很多，比如云、雾、雨、雪、烟、霾、风沙和浮尘等现象，都可能使能见度降低；当能见度降低到造成视觉障碍时，无人机的起飞和回收就会受到影响。对无人机飞行威胁最大、最具有代表性的恶劣气象条件有风切变、雷暴、紊流等，其中雷暴是一种复合的恶劣气象条件，在雷暴中常伴有强烈的升降气流、积冰、闪电、强降水、大风、风切变，有时还有冰雹、龙卷风和夏季暴流等。

8.2.1 不适宜飞行的天气

（1）高温或低温天气

高温或低温天气都会影响无人机的飞行性能，降低飞行效率，甚至危及飞行安全。天气炎热时，切忌飞行太久，且应在两次飞行间让无人机进行充分的休整和冷却。因为无人机的电机在运转产生升力时，也会连带产生大量的热量，在炎热的天气下，电机非常容易过热，在一些极端情况下甚至可能会融化一些零部件和线缆。严寒时，也切忌飞行太久，且应在飞行中密切关注电池情况。因为寒冷会降低电池的效率，同时也非常容易发生掉电的情况，导致电机停转等意外情况。

（2）降雨、降雪、冰雹等天气

无人机不适宜在雨雪冰雹天气飞行，这是显而易见的，所以哪怕只有零星的小雨点，也不要冒险起飞。应在事前查看天气预报中的降水概率和降水强度。

（3）雾

无人机对湿度也是非常敏感的。在大雾中飞行，无人机表面也会变得非常潮湿。就像阴天并不意味着你不会被晒伤，大雾也并不意味着无人机不会进水。水汽一旦渗入内部，可能腐蚀内部电子元器件，所以日常也需要做好干燥除湿的保养。那么如何判断雾是否大到影响飞行呢？可以通过目视的方式——通常来说，如果能见度小于0.5mile（800m左右），就可以称之为大雾，不适宜飞行。

（4）大风

在大风的情况下，无人机为了保持姿态和飞行，会耗费更多的电量，续航时间会缩短，同时飞行稳定性也会大幅度下降。同时也要注意最大风速是否超过无人机的最大飞行速度。风速是一种非常多变的参数，这一秒风速只有20km/h，下一刻却也可能狂风大作。请将无人机保持在视线内控制，远离障碍物、人群密集区、水面等飞行。

8.2.2 不适宜飞行的环境

（1）建筑物、人群密集地区

密集的建筑物易干扰飞行路线，人群密集地区容易发生人身安全事故。

（2）信号障碍区域

主要包括：高压线塔、变电站、信号基站、雷达辐射区域、同频率无人飞行器覆盖空域等。

（3）高速移动场所

例如：高速运动的各类交通工具上，使用无人飞行器飞行容易因无线电信号不稳定或周边环境的未知性，导致信号丢失、失控或坠机。

（4）禁飞区

主要包括：政府机构上空、军事单位上空、机场附近、带有战略地位的区域、危险品仓储区域等。

附录一

《民用无人驾驶航空器
实名制登记管理规定》

1. 总则

1.1 目的

为加强民用无人驾驶航空器（以下简称民用无人机）的管理，对民用无人机拥有者实施实名制登记，特制定本管理规定。

1.2 适用范围

本管理规定适用于在中华人民共和国境内最大起飞重量为 250 克以上（含 250 克）的民用无人机。

1.3 登记要求

自 2017 年 6 月 1 日起，民用无人机的拥有者必须按照本管理规定的要求进行实名登记。

2017 年 8 月 31 日后，民用无人机拥有者，如果未按照本管理规定实施实名登记和粘贴登记标志的，其行为将被视为违反法规的非法行为，其无人机的使用将受影响，监管主管部门将按照相关规定进行处罚。

1.4 定义

1.4.1 民用无人机

民用无人机是指没有机载驾驶员操纵、自备飞行控制系统，并从事非军事、警察和海关飞行任务的航空器。不包括航空模型、无人驾驶自由气球和系留气球。

1.4.2 民用无人机拥有者

民用无人机拥有者是指民用无人机的所有权人，包括个人、依据中华人民共和国法律设立的企业法人／事业法人／机关法人和其他组织。

1.4.3 民用无人机最大起飞重量

民用无人机最大起飞重量是指根据无人机的设计或运行限制，无人机能够起飞时所容许的最大重量。

1.4.4 民用无人机空机重量

民用无人机空机重量是指无人机制造厂给出的无人机基本重量。除商载外，该无人机做好执行飞行任务的全部重量，包含标配电池重量和最大燃油重量。

2. 职责

2.1 中国民用航空局航空器适航审定司

（1）制定民用无人机实名登记政策；

（2）管理"中国民用航空局民用无人机实名登记信息系统"（以下简称无人机实名登记系统）。

2.2 民用无人机制造商

（1）在"无人机实名登记系统"中填报其产品的名称、型号、最大起飞重量、空机重量、产品类型、无人机购买者姓名和移动电话等信息；

（2）在产品外包装明显位置和产品说明书中，提醒拥有者在"无人机实名登记系统"中进行实名登记，警示不实名登记擅自飞行的危害；

（3）随产品提供不干胶打印纸，供拥有者打印"无人机登记标志"。

2.3 民用无人机拥有者

（1）依据本管理规定3.2的要求，在"无人机实名登记系统"进行实名登记；

（2）依据本管理规定3.4的要求，在其拥有无人机上粘贴登记标志；

（3）当发生本管理规定3.5所述情况，在"无人机实名登记系统"上更新无人机的信息。

3. 民用无人机实名登记要求

3.1 实名登记的流程

（1）民用无人机制造商和民用无人机拥有者在"无人机实名登记系统"（https://uas.caac.gov.cn）上申请账户；

（2）民用无人机制造商在该系统中填报其所有产品的信息；

（3）民用无人机拥有者在该系统中实名登记其拥有产品的信息，并将系统给定的登记标志粘贴在无人机上。

3.2 实名登记的信息内容

3.2.1 民用无人机制造商填报信息

民用无人机制造商在"无人机实名登记系统"中填报的信息包括：

（1）制造商名称、注册地址和联系方式；

（2）产品名称和型号；

（3）空机重量和最大起飞重量；

（4）产品类别；

（5）无人机购买者姓名和移动电话。

3.2.2　个人民用无人机拥有者登记信息

个人民用无人机拥有者在"无人机实名登记系统"中登记的信息包括：

（1）拥有者姓名；

（2）有效证件号码（如身份证号、护照号等）；

（3）移动电话和电子邮箱；

（4）产品型号、产品序号；

（5）使用目的。

3.2.3　单位民用无人机拥有者登记信息

单位民用无人机拥有者在"无人机实名登记系统"中登记的信息包括：

（1）单位名称；

（2）统一社会信用代码或者组织机构代码等；

（3）移动电话和电子邮箱；

（4）产品型号、产品序号；

（5）使用目的。

3.3　民用无人机的登记标志

（1）民用无人机登记标志包括登记号和登记二维码，民用无人机拥有者在"无人机实名登记系统"中完成信息填报后，系统自动给出包含登记号和二维码的登记标志图片，并发送到登记的邮箱。

（2）民用无人机登记号是为区分民用无人机而给出的编号，对于序号（S/N）不同的民用无人机，登记号不同。民用无人机登记号共有11位字符，分为两部分：前三位为字母UAS，后8位为阿拉伯数字，采用流水号形式，范围为00000001～99999999，例如登记号 UAS00000003。

（3）民用无人机登记二维码包括无人机制造商、产品型号、产品名称、产品序号、登记时间、拥有者姓名或单位名称、联系方式等信息。

3.4　民用无人机的标识要求

（1）民用无人机拥有者在收到系统给出的包含登记号和二维码的登记标志图片后，将其打印为至少2厘米乘以2厘米的不干胶粘贴牌。

（2）民用无人机拥有者将登记标志图片采用耐久性方法粘于无人机不易损伤的地方，且始终清晰可辨，亦便于查看。便于查看是指登记标志附着于一个不需要借助任何工具就能查看的部件之上。

（3）民用无人机拥有者必须确保无人机每次运行期间均保持登记标志附着其上。

（4）民用无人机登记号和二维码信息不得涂改、伪造或转让。

3.5　登记信息的更新

（1）民用无人机发生出售、转让、损毁、报废、丢失或者被盗等情况，民用无人机拥有者应及时通过"无人机实名登记系统"注销该无人机的信息。

（2）民用无人机的所有权发生转移后，变更后的所有人必须按照本管理规定的要求实名登记该民用无人机的信息。

4.附则

4.1　本管理规定由中国民用航空局航空器适航审定司负责解释。

4.2　本管理规定自2017年5月16日起生效。

《民用无人驾驶航空器系统空中交通管理办法》

第一章　总则

第一条　为了加强对民用无人驾驶航空器飞行活动的管理，规范其空中交通管理工作，依据《中华人民共和国民用航空法》《中华人民共和国飞行基本规则》《通用航空飞行管制条例》和《民用航空空中交通管理规则》，制定本办法。

第二条　本办法适用于依法在航路航线、进近（终端）和机场管制地带等民用航空使用空域范围内或者对以上空域内运行存在影响的民用无人驾驶航空器系统活动的空中交通管理工作。

第三条　民航局指导监督全国民用无人驾驶航空器系统空中交通管理工作，地区管理局负责本辖区内民用无人驾驶航空器系统空中交通服务的监督和管理工作。

空管单位向其管制空域内的民用无人驾驶航空器系统提供空中交通服务。

第四条　民用无人驾驶航空器仅允许在隔离空域内飞行。

民用无人驾驶航空器在隔离空域内飞行，由组织单位和个人负责实施，并对其安全负责。多个主体同时在同一空域范围内开展民用无人驾驶航空器飞行活动的，应当明确一个活动组织者，并对隔离空域内民用无人驾驶航空器飞行活动安全负责。

第二章　评估管理

第五条　在本办法第二条规定的民用航空使用空域范围内开展民用无人驾驶航空器系统飞行活动，除满足以下全部条件的情况外，应通过地区管理局评审：

（一）机场净空保护区以外；

（二）民用无人驾驶航空器最大起飞重量小于或等于7千克；

（三）在视距内飞行，且天气条件不影响持续可见无人驾驶航空器；

（四）在昼间飞行；

（五）飞行速度不大于120千米/小时；

（六）民用无人驾驶航空器符合适航管理相关要求；

（七）驾驶员符合相关资质要求；

（八）在进行飞行前驾驶员完成对民用无人驾驶航空器系统的检查；

（九）不得对飞行活动以外的其他方面造成影响，包括地面人员、设施、环境安全和社会治安等；

（十）运营人应确保其飞行活动持续符合以上条件。

第六条 民用无人驾驶航空器系统飞行活动需要评审时，由运营人会同空管单位提出使用空域，对空域内的运行安全进行评估并形成评估报告。地区管理局对评估报告进行审查或评审，出具结论意见。

第七条 民用无人驾驶航空器在空域内运行应当符合国家和民航有关规定，经评估满足空域运行安全的要求。评估应当至少包括以下内容：

（一）民用无人驾驶航空器系统情况，包括民用无人驾驶航空器系统基本情况、国籍登记、适航证件（特殊适航证、标准适航证和特许飞行证等）、无线电台及使用频率情况；

（二）驾驶员、观测员的基本信息和执照情况；

（三）民用无人驾驶航空器系统运营人基本信息；

（四）民用无人驾驶航空器的飞行性能，包括：飞行速度、典型和最大爬升率、典型和最大下降率、典型和最大转弯率、其他有关性能数据（例如风、结冰、降水限制）、航空器最大续航能力、起飞和着陆要求；

（五）民用无人驾驶航空器系统活动计划，包括：飞行活动类型或目的、飞行规则（目视或仪表飞行）、操控方式（视距内或超视距，无线电视距内或超无线电视距等）、预定的飞行日期、起飞地点、降落地点、巡航速度、巡航高度、飞行路线和空域、飞行时间和次数；

（六）空管保障措施，包括：使用空域范围和时间、管制程序、间隔要求、协调通报程序、应急预案等；

（七）民用无人驾驶航空器系统的通信、导航和监视设备和能力，包括：民用无人驾驶航空器系统驾驶员与空管单位通信的设备和性能、民用无人驾驶航空器系统的指挥与控制链路及其性能参数和覆盖范围、驾驶员和观测员之间的通信设备和性能、民用无人驾驶航空器系统导航和监视设备及性能；

（八）民用无人驾驶航空器系统的感知与避让能力；

（九）民用无人驾驶航空器系统故障时的紧急程序，特别是：与空管单位的通信故障、指挥与控制链路故障、驾驶员与观测员之间的通信故障等情况；

（十）遥控站的数量和位置以及遥控站之间的移交程序；

（十一）其他有关任务、噪声、安保、业载、保险等方面的情况；

（十二）其他风险管控措施。

第八条　按照本规定第六条需要进行评估的飞行活动，其使用的民用无人驾驶航空器系统应当为遥控驾驶航空器系统，而非自主无人驾驶航空器系统。并且能够按要求设置电子围栏。

第九条　地区管理局应当组织相关部门对评估报告进行审查，对于复杂问题可以组织专家进行评审和现场演示，并将审查或评审结论反馈给运营人和有关空管单位。

第三章　空中交通服务

第十条　民用无人驾驶航空器飞行应当为其单独划设隔离空域，明确水平范围、垂直范围和使用时段。可在民航使用空域内临时为民用无人驾驶航空器划设隔离空域。

飞行密集区、人口稠密区、重点地区、繁忙机场周边空域，原则上不划设民用无人驾驶航空器飞行空域。

第十一条　隔离空域由空管单位会同运营人划设。划设隔离空域应综合考虑民用无人驾驶航空器通信导航监视能力、航空器性能、应急程序等因素，并符合下列要求：

（一）隔离空域边界原则上距其他航空器使用空域边界的水平距离不小于10公里；

（二）隔离空域上下限距其他航空器使用空域垂直距离 8400 米（含）以下不得小于 600 米，8400 米以上不得小于 1200 米。

第十二条　民用无人驾驶航空器在隔离空域内运行时，应当符合下列要求：

（一）民用无人驾驶航空器应当遵守规定的程序和安全要求；

（二）民用无人驾驶航空器确保在所分配的隔离空域内飞行，并与水平边界保持 5 公里以上距离；

（三）防止民用无人驾驶航空器无意间从隔离空域脱离。

第十三条　为了防止民用无人驾驶航空器和其他航空器活动相互穿越隔离空域边界，提高民用无人驾驶航空器运行的安全性，需要采取下列安全措施：

（一）驾驶员应当持续监视民用无人驾驶航空器飞行；

（二）当驾驶员发现民用无人驾驶航空器脱离隔离空域时，应向相关空管单位通报；

（三）空管单位发现民用无人驾驶航空器脱离隔离空域时，应当防止与其他航空器发生冲突，通知运营人采取相关措施，并向相关管制单位通报；

（四）空管单位应当同时向民用无人驾驶航空器和隔离空域附近运行的其他航空器提供服务；

（五）在空管单位和民用无人驾驶航空器系统驾驶员之间应建立可靠的通信；

（六）空管单位应为民用无人驾驶航空器指挥与控制链路失效、民用无人驾驶航空器避让侵入的航空器等紧急事项设置相应的应急工作程序。

第十四条　针对民用无人驾驶航空器违规飞行影响日常运行的情况，空管单位应与机场、军航管制单位等建立通报协调关系，制定信息通报、评估处置和运行恢复的方案，保证安全，降低影响。

第四章　无线电管理

第十五条　民用无人驾驶航空器系统活动中使用无线电频率、无线电设备应当遵守国家无线电管理法规和规定，且不得对航空无线电频率造成有害干扰。

第十六条　未经批准，不得在民用无人驾驶航空器上发射语音广播通信信号。

第十七条　使用民用无人驾驶航空器系统应当遵守国家有关部门发布的无线电管制命令。

第五章　附则

第十八条　民用无人驾驶航空器系统飞行活动涉及多项评估或审批的，地区管理局应当统筹安排。

第十九条　本管理办法自下发之日起开始施行，原《民用无人机空中交通管理办法》（MD-TM-2009-002）同时废止。

第二十条　本管理办法使用的术语定义：

民用无人驾驶航空器：没有机载驾驶员操作的民用航空器。

民用无人驾驶航空器系统：指民用无人驾驶航空器及与其安全运行有关的组件，主要包括遥控站、数据链路等。

遥控驾驶航空器系统：由遥控驾驶航空器、相关的遥控站、所需的指挥与控制链路以及批准的型号设计规定的任何其他部件构成的系统。

遥控驾驶航空器：由遥控站操纵的无人驾驶航空器。遥控驾驶航空器是无人驾驶航空器的亚类。

遥控站：遥控驾驶航空器系统的组成部分，包括用于操纵遥控驾驶航空器的设备。

指挥与控制链路：遥控驾驶航空器和遥控站之间为飞行管理目的建立的数据

链接。

自主无人驾驶航空器系统：不允许驾驶员介入飞行管理的无人驾驶航空器。

电子围栏：是指为防止民用无人驾驶航空器飞入或者飞出特定区域，在相应电子地理范围中画出其区域边界，并配合飞行控制系统，保障区域安全的软硬件系统。

感知与避让：观察、发现、探测交通冲突或其他危险，并采取适当行动的能力。

运营人：是指从事或拟从事航空器运营的个人、组织或者企业。

驾驶员：由运营人指派对遥控驾驶航空器的运行负有必不可少职责并在飞行期间适时操纵无人驾驶航空器的人。

观测员：由运营人指定的训练有素的人员，通过目视观测遥控驾驶航空器协助驾驶员安全实施飞行。

隔离空域：专门分配给无人驾驶航空器系统运行的空域，通过限制其他航空器的进入以规避碰撞风险。

非隔离空域：无人驾驶航空器系统与其他有人驾驶航空器同时运行的空域。

目视视距内：驾驶员或观测员与无人驾驶航空器保持直接目视视觉接触的运行方式。直接目视视觉接触的范围为：真高 120 米以下；距离不超过驾驶员或观测员视线范围或最大 500 米半径的范围，两者中取较小值。

超目视视距：无人驾驶航空器在目视视距以外的运行方式。

无线电视距内：是指发射机和接收机在彼此的无线电覆盖范围之内能够直接进行通信，或者通过地面网络使远程发射机和接收机在无线电视距内，并且能在相应时间范围内完成通信传输的情况。

超无线电视距：是指发射机和接收机不在无线电视距之内的情况。因此所有卫星系统都是超无线电视距的，遥控站通过地面网络不能在相应时间范围与至少一个地面站完成通信传输的系统也都是超无线电视距的。

机场净空区：也称机场净空保护区域，是指为保护航空器起飞、飞行和降落安全，根据民用机场净空障碍物限制图要求划定的空间范围。

人口稠密区：是指城镇、村庄、繁忙道路或大型露天集会场所等区域。

重点地区：是指军事重地、核电站和行政中心等关乎国家安全的区域及周边，或地方政府临时划设的区域。

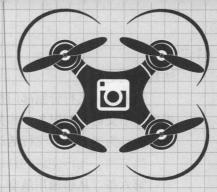

附录二

《通用航空飞行管制条例》节选

目前，无人驾驶航空器飞行管理参照《通用航空飞行管制条例》执行。飞行空域、飞行计划、放飞许可等内容需咨询战区空军。

民用无人驾驶航空器飞行活动若涉及航路航线、进近（终端）和机场管制地带等民用航空使用空域范围，或对以上空域内的运行存在影响，需按照《民用无人驾驶航空器系统空中交通管理办法》的要求。

《通用航空飞行管制条例》节选如下。

第一章　总则

第一条　为了促进通用航空事业的发展，规范通用航空飞行活动，保证飞行安全，根据《中华人民共和国民用航空法》和《中华人民共和国飞行基本规则》，制定本条例。

第二条　在中华人民共和国境内从事通用航空飞行活动，必须遵守本条例。

在中华人民共和国境内从事升放无人驾驶自由气球和系留气球活动，适用本条例的有关规定。

第三条　本条例所称通用航空，是指除军事、警务、海关缉私飞行和公共航空运输飞行以外的航空活动，包括从事工业、农业、林业、渔业、矿业、建筑业的作业飞行和医疗卫生、抢险救灾、气象探测、海洋监测、科学实验、遥感测绘、教育训练、文化体育、旅游观光等方面的飞行活动。

第四条　从事通用航空飞行活动的单位、个人，必须按照《中华人民共和国民用航空法》的规定取得从事通用航空活动的资格，并遵守国家有关法律、行政法规的规定。

第五条　飞行管制部门按照职责分工，负责对通用航空飞行活动实施管理，提供空中交通管制服务。相关飞行保障单位应当积极协调配合，做好有关服务保障工作，为通用航空飞行活动创造便利条件。

第二章　飞行空域的划设与使用

第六条　从事通用航空飞行活动的单位、个人使用机场飞行空域、航路、航线，应当按照国家有关规定向飞行管制部门提出申请，经批准后方可实施。

第七条　从事通用航空飞行活动的单位、个人，根据飞行活动要求，需要划设临时飞行空域的，应当向有关飞行管制部门提出划设临时飞行空域的申请。

划设临时飞行空域的申请应当包括下列内容：

（一）临时飞行空域的水平范围、高度；

（二）飞入和飞出临时飞行空域的方法；

（三）使用临时飞行空域的时间；

（四）飞行活动性质；

（五）其他有关事项。

第八条　划设临时飞行空域，按照下列规定的权限批准：

（一）在机场区域内划设的，由负责该机场飞行管制的部门批准；

（二）超出机场区域在飞行管制分区内划设的，由负责该分区飞行管制的部门批准；

（三）超出飞行管制分区在飞行管制区内划设的，由负责该管制区飞行管制的部门批准；

（四）在飞行管制区间划设的，由中国人民解放军空军批准。

批准划设临时飞行空域的部门应当将划设的临时飞行空域报上一级飞行管制部门备案，并通报有关单位。

第九条　划设临时飞行空域的申请，应当在拟使用临时飞行空域 7 个工作日前向有关飞行管制部门提出；负责批准该临时飞行空域的飞行管制部门应当在拟使用临时飞行空域 3 个工作日前作出批准或者不予批准的决定，并通知申请人。

第十条　临时飞行空域的使用期限应当根据通用航空飞行的性质和需要确定，通常不得超过 12 个月。

因飞行任务的要求，需要延长临时飞行空域使用期限的，应当报经批准该临时飞行空域的飞行管制部门同意。通用航空飞行任务完成后，从事通用航空飞行活动的单位、个人应当及时报告有关飞行管制部门，其申请划设的临时飞行空域即行撤销。

第十一条　已划设的临时飞行空域，从事通用航空飞行活动的其他单位、个人因飞行需要，经批准划设该临时飞行空域的飞行管制部门同意，也可以使用。

第三章　飞行活动的管理

第十二条　从事通用航空飞行活动的单位、个人实施飞行前，应当向当地飞行管制部门提出飞行计划申请，按照批准权限，经批准后方可实施。

第十三条　飞行计划申请应当包括下列内容：

（一）飞行单位；

（二）飞行任务性质；

（三）机长（飞行员）姓名、代号（呼号）和空勤组人数；

（四）航空器型别和架数；

（五）通信联络方法和二次雷达应答机代码；

（六）起飞、降落机场和备降场；

（七）预计飞行开始、结束时间；

（八）飞行气象条件；

（九）航线、飞行高度和飞行范围；

（十）其他特殊保障需求。

第十四条　从事通用航空飞行活动的单位、个人有下列情形之一的，必须在提出飞行计划申请时，提交有效的任务批准文件：

（一）飞出或者飞入我国领空的（公务飞行除外）；

（二）进入空中禁区或者国（边）界线至我方一侧10公里之间地带上空飞行的；

（三）在我国境内进行航空物探或者航空摄影活动的；

（四）超出领海（海岸）线飞行的；

（五）外国航空器或者外国人使用我国航空器在我国境内进行通用航空飞行活动的。

第十五条　使用机场飞行空域、航路、航线进行通用航空飞行活动，其飞行计划申请由当地飞行管制部门批准或者由当地飞行管制部门报经上级飞行管制部门批准。

使用临时飞行空域、临时航线进行通用航空飞行活动，其飞行计划申请按照下列规定的权限批准：

（一）在机场区域内的，由负责该机场飞行管制的部门批准；

（二）超出机场区域在飞行管制分区内的，由负责该分区飞行管制的部门批准；

（三）超出飞行管制分区在飞行管制区内的，由负责该区域飞行管制的部门批准；

（四）超出飞行管制区的，由中国人民解放军空军批准。

第十六条　飞行计划申请应当在拟飞行前 1 天 15 时前提出；飞行管制部门应当在拟飞行前 1 天 21 时前作出批准或者不予批准的决定，并通知申请人。

执行紧急救护、抢险救灾、人工影响天气或者其他紧急任务的，可以提出临时飞行计划申请。临时飞行计划申请最迟应当在拟飞行 1 小时前提出；飞行管制部门应当在拟起飞时刻 15 分钟前作出批准或者不予批准的决定，并通知申请人。

第十七条　在划设的临时飞行空域内实施通用航空飞行活动的，可以在申请划设临时飞行空域时一并提出 15 天以内的短期飞行计划申请，不再逐日申请；但是每日飞行开始前和结束后，应当及时报告飞行管制部门。

第十八条　使用临时航线转场飞行的，其飞行计划申请应当在拟飞行 2 天前向当地飞行管制部门提出；飞行管制部门应当在拟飞行前 1 天 18 时前作出批准或者不予批准的决定，并通知申请人，同时按照规定通报有关单位。

第十九条　飞行管制部门对违反飞行管制规定的航空器，可以根据情况责令改正或者停止其飞行。

第四章　飞行保障

第二十条　通信、导航、雷达、气象、航行情报和其他飞行保障部门应当认真履行职责，密切协同，统筹兼顾，合理安排，提高飞行空域和时间的利用率，保障通用航空飞行顺利实施。

第二十一条　通信、导航、雷达、气象、航行情报和其他飞行保障部门对于紧急救护、抢险救灾、人工影响天气等突发性任务的飞行，应当优先安排。

第二十二条　从事通用航空飞行活动的单位、个人组织各类飞行活动，应当制定安全保障措施，严格按照批准的飞行计划组织实施，并按照要求报告飞行动态。

第二十三条　从事通用航空飞行活动的单位、个人，应当与有关飞行管制部门建立可靠的通信联络。在划设的临时飞行空域内从事通用航空飞行活动时，应当保持空地联络畅通。

第二十四条　在临时飞行空域内进行通用航空飞行活动，通常由从事通用航空飞行活动的单位、个人负责组织实施，并对其安全负责。

第二十五条　飞行管制部门应当按照职责分工或者协议，为通用航空飞行活动提供空中交通管制服务。

第二十六条　从事通用航空飞行活动需要使用军用机场的，应当将使用军用机场的申请和飞行计划申请一并向有关部队司令机关提出，由有关部队司令机关作出批准或者不予批准的决定，并通知申请人。

第二十七条　从事通用航空飞行活动的航空器转场飞行，需要使用军用或者民用机场的，由该机场管理机构按照规定或者协议提供保障；使用军民合用机场的，由从事通用航空飞行活动的单位、个人与机场有关部门协商确定保障事宜。

第二十八条　在临时机场或者起降点飞行的组织指挥，通常由从事通用航空飞行活动的单位、个人负责。

第二十九条　从事通用航空飞行活动的民用航空器能否起飞、着陆和飞行，由机长（飞行员）根据适航标准和气象条件等最终确定，并对此决定负责。

第三十条　通用航空飞行保障收费标准，按照国家有关国内机场收费标准执行。

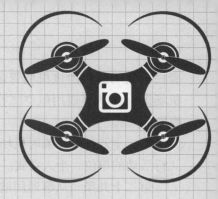

术语表

Air vehicle	飞行器
Aspect ratio	展弦比
Air navigation facility	空中导航设施
Airworthiness certificate	适航证
ATC（air traffic control）	空中交通管制
Airworthiness division	适航局
Autopilot	自动驾驶仪
COA（certificate of authorization）	授权证书
Catapult launch	弹射起飞
CAA（civil aviation authority）	民用航空局
Convention for the Regulation of Aerial Navigation	空中导航监管公约
Convention on International Civil Aviation	国际民用航空公约
Communication data link	通信数据链
Decibel	分贝
DSB（Defense Science Board）	国防科学委员会
Data processing	数据处理
Data streams	数据流

Detection system	检测系统
Digital technology	数字技术
Electric helicopter	电动直升机
Electronic surveillance	电子监视
ELINT（electronic intelligence）	电子情报
ECM（electronic countermeasures）	电子对抗
EMI（electromagnetic interference）	电磁干扰
EW（electronic warfare）	电子战
FLIR（forward-looking infrared）	前视红外（探测系统）
Fixed wing	固定翼
Fixed-wing airborne geophysical exploration	固定翼航空物探
FPV（first person view）	第一人称主视角
Flight control system	飞行控制系统
FDR（flight data recorder）	飞行数据记录仪
Flight information publication	飞行信息分布
FIR（flight information regions）	飞行信息区
Flight operation	飞行操作
Flight plan	飞行计划
Flight rule	飞行规则
Flight service station	飞行服务站
Flight Test Center	飞行测试中心
Frequency assignment	频率分配
Frequency hopping	跳频
GDT（ground data terminal）	地面数据终端
GSE（ground support equipment）	地面保障设备
Gyro（gyroscope）	陀螺仪
GPS（global positioning system）	全球定位系统
GCP（ground control point）	地面控制点

GCS（ground control station）	地面控制站
GMTI（ground moving target indication）	地面移动目标指示
Ground survey	地面勘测
High speed fixed-wing fighter	高速固定翼飞机
HALE（high -altitude long endurance）	高空长航时
HALE roadmap	高空长航时航线图
Hand launching	手抛发射
Handheld GCS	手持式地面控制站
Helicopter system	直升机系统
IR（infrared）	红外
Information acquisition	信息采集
Infrared search	红外搜索
Infrared sensor	红外传感器
Infrared video camera	红外视频摄像机
IFR（instrument flight rule）	仪表飞行规则
Intelligence gathering	情报搜集
ISR（intelligence，surveillance and reconnaissance）	情报、监视与侦察
Large -scale UAS	大型无人机系统
Laser obstacle avoidance and monitoring（LOAM）system	激光障碍物规避与监视系统
Laser range finder/designator	激光测距仪
L&R（launch and recovery）	发射与回收
Launch cradle	发射装置
Line-of-sight technology	视距技术
Long-range reconnaissance	远程侦察
Loss-of-signal	信号丢失
LASE（low-altitude short endurance）	低空短航时
Maintenance personnel	维护人员

MET（meteorological）	气象的
MPCS（mission planning and control station）	任务规划控制站
Manual control	手动控制
Model aircraft	模型飞机
NAS（National Airspace System）	国家空域系统
Operating system	操作系统
OT（operational test）	操作测试
Prohibited area	禁飞区
Rotary-wing aircraft	旋翼机
RF（radio frequency）	无线电频率（射频）
RGT（remote ground terminal）	远程地面终端
Radar mapping	雷达测绘
Radio controlled vehicle	无线电控制飞行器
Real-time data transmission	实时数据传输
Remote control vehicle	遥控飞行器
Route information	航线信息
SA（situation awareness）	姿态感知
SUA（special-use airspace）	特殊用途空域
Tactical UAS	战术无人机系统
The fixed wing fleet	固定翼机群
TUAV（tactical UAV）	战术无人机
The airship unmanned aerial vehicle	飞艇无人机
Target drone	靶机
Telemetry system	遥测系统
Thermal imaging	热成像
Thermal infrared video camera	热红外视频摄像机
Tilt rotor aircraft VTOL	倾转旋翼飞机垂直起降
Topographic data	地形测量数据

UAV（unmanned aerial vehicle）	无人驾驶飞机（简称"无人机"）
UAS（unmanned aerial system）	无人机系统
Unmanned helicopter	无人直升机
UCAV（unmanned combat aerial vehicle）	无人战斗机
UAS Flight Test Center	无人机系统飞行试验中心
Unmanned Air Vehicle Systems Committee	无人机系统委员会
VTOL（vertical take off and landing）	垂直起降
VR（virtual reality）	虚拟现实
Visual detection	目视检测
VFR（visual flight rule）	目视飞行规则

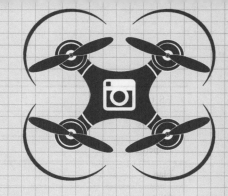

遥控器词汇表

Acro	固定翼
AI-RU Mix	副翼 - 方向混控
Aileron	副翼舵
Antenna	天线
AUX	辅助通道（开关、旋钮、按键、接口等）
Back	返回
Band select	频率选择
Channel	通道
Clear	清除
D/R（Dual Rate）	双比率
Delta	三角翼
Differential	差动变速
Display	显示
EL-FL Mix	升降 - 襟翼混控
Elevator	升降舵
Error low batt	低电量错误
Error	错误
EXP（Exponential）	指数曲线

F.S（Fail safe）	失控安全保护
Flap sys	襟翼系统
Flaperon	襟副翼飞机
Flap	襟翼
Flight mode	飞行模式
Frame rate	画面比率（响应速度）
Glider	滑翔机
Gyro sens	陀螺仪敏感度
Helicopter	直升机
Hold	锁定
Inh	未启动
Input select	输入选择
Landing gear	起落架、收脚
Mixing	混控
Mixing	混控
Model reset	模式重置
Monitor	伺服机状态查看
Normal	标准模式
P-link	领航模式
PCM（pulse code modulation）	脉冲编码调制
Pitch curve	螺距曲线
Power	电源
PPM（pulse position modulation）	脉冲位置调制
Range test	功率测试
Receiver	接收机
Reverst	舵机正反向
Rudder	尾舵（方向舵）
Select	选择

Servo mix	伺服机混控
Servo	伺服机
Stick	摇杆
Sub-Trim	内置微调
Swash mix	十字盘混控
Swash type	十字盘模式
Telemetry	遥测系统
Thro curve	油门曲线
Throttle cut	熄火开关
Throttle	油门
Timer	定时器
Trainer	教练功能
Transmitter	发射机
Travel adjust	舵机行程
Trim	微调
Type select	翼型选择
V-Tail	V 形尾翼
Warning	警告
Wing type	翼型

参考文献

[1] 蒋汪萍 . 发动机原理 [M]. 成都：西南交通大学出版社，2017.

[2] 鲍凯 . 玩转四轴飞行器 [M]. 北京：清华大学出版社，2015.

[3] 蔡志洲，等 . 小微型无人机应用——环境保护和水土保持 [M]. 北京：高等教育出版社，2017.

[4] 蔡志洲，林伟，等 . 民用无人机及其行业应用 [M]. 北京：高等教育出版社，2018.

[5] 刘俊辉，文放 . 零基础学无人机 [M]. 北京：中国民航出版社，2018.

[6] 牛轶峰，沈林成，吴利荣，等 . 无人机系统导论 [M]. 北京：国防工业出版社，2014.

[7] 于坤林，陈文贵 . 无人机系统与结构 [M]. 西安：西北工业大学出版社，2016.

[8] 法尔斯特伦，格里森 . 无人机系统导论 [M]. 吴汉平，译 . 北京：电子工业出版社，2003.

[9] 鲁道夫·乔巴尔 . 玩转无人机 [M]. 吴博，译 . 北京：人民邮电出版社，2015.

[10] 毛红保，田松，晁爱农 . 无人机任务规划 [M]. 北京：国防工业出版社，2015.

[11] 通用航空飞行管制条例 . 中华人民共和国国务院，中华人民共和国中央军事委员会，2003-05-01.

[12] 民用无人机驾驶航空器系统空中交通管理办法 .MD-TM-2016-004. 中国民用航空局，2016-09-21.

[13] 民用无人驾驶航空器实名制登记管理规定 .AP-45-AA-2017-03. 中国民用航空局，2017-05-16.